MANUEL

DU

BRASSEUR,

OU

L'ART DE FAIRE TOUTES SORTES

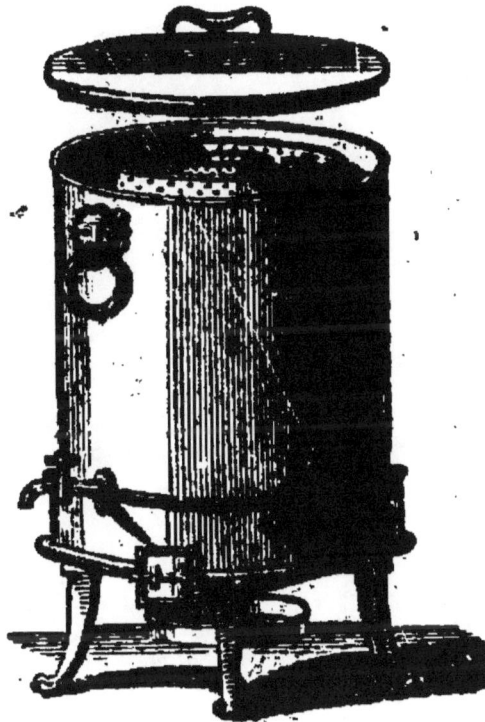

DE BIÈRE.

PARIS,

RORET, LIBRAIRE, RUE HAUTEFEUILLE,

AU COIN DE CELLE DU BATTOIR.

BRUXELLES,

DEMAT, IMPRIMEUR-LIBRAIRE.

MANUEL

THÉORIQUE ET PRATIQUE

DU BRASSEUR.

Ouvrages qui se trouvent chez Roret, *libraire.*

LETTRES SUR LES DANGERS DE L'ONANISME, et conseils relatifs au traitement des maladies qui en résultent; par *Doussin-Dubreuil*; 1 vol. in-12, 1813. 1 f. 50 c.

GUIDE (NOUVEAU) DE LA POLITESSE, ouvrage critique et moral, par *Emeric*, seconde édition, 1822, 1 vol. in-8. 5 f.

MANUEL DU LIMONADIER, DU CONFISEUR ET DU DISTILLATEUR; contenant les meilleurs procédés pour préparer le café, le chocolat, le punch, les glaces, boissons rafraichissantes, etc.; etc.; par M. *Cardelli*; un gros vol. in-18, troisième édition, 1823. 2 f. 50 c.

MANUEL THÉORIQUE ET PRATIQUE DES GARDE-MALADES, et des personnes qui veulent se soigner elles-mêmes, ou l'Ami de la santé; contenant un exposé clair et précis des soins à donner aux malades de tous genres; par M. *Morin*; un gros vol. in-18, 1824. 2 f. 50 c.

MANUEL THÉORIQUE ET PRATIQUE DU PEINTRE EN BATIMENS, DU DOREUR ET DU VERNISSEUR; ouvrage utile tant à ceux qui exercent ces arts qu'aux fabricans de couleurs et à toutes les personnes qui voudraient décorer elles-mêmes leurs habitations, leurs appartemens, etc.; par M. *Riffault*; un vol. in-18, 1824. 2 f. 50 c.

MANUEL DE PHYSIQUE, ou Élémens abrégés de cette science, mis à la portée des gens du monde et des étudians, par M. C. *Bailly*, élève de MM. Arago, Biot et Gay-Lussac; un gros vol. in-18, 1824. 2 f. 50 c.

MANUEL THÉORIQUE ET PRATIQUE DU VIGNERON FRANCAIS, contenant l'art de cultiver la vigne; de faire, de perfectionner et conserver les vins, eaux-de-vie et vinaigres; par M. *Thiébault de Berneaud*; un gros vol. in-18, orné de fig. 1824. 3 f.

MANUEL DU CUISINIER ET DE LA CUISINIÈRE, à l'usage de la ville et de la campagne, contenant toutes les recettes les plus simples pour faire bonne chère avec économie, ainsi que les meilleurs procédés pour la Pâtisserie et l'Office; précédé d'un Traité sur la dissection des viandes; suivi de la manière de conserver les substances alimentaires, et d'un Traité sur les vins; par M.*Cardelli*, ancien chef d'office; troisième édition, un vol. in-18, 1825. 2 f. 50 c.

MANUEL

THÉORIQUE ET PRATIQUE

DU BRASSEUR,

OU

L'ART DE FAIRE TOUTES SORTES DE BIÈRE;

CONTENANT TOUS LES PROCÉDÉS DE CET ART TELS QU'ILS SONT USITÉS A LONDRES, SUIVI D'UN EXPOSÉ DES ALTÉRATIONS FRAUDULEUSES DE LA BIÈRE, ET DES MOYENS DE LES DÉCOUVRIR.

PAR FRÉDÉRICK ACCUM,

Professeur de chimie appliquée aux arts et manufactures.

TRADUIT DE L'ANGLAIS

PAR M. RIFFAULT,

Ex-régisseur des poudres et salpêtres.

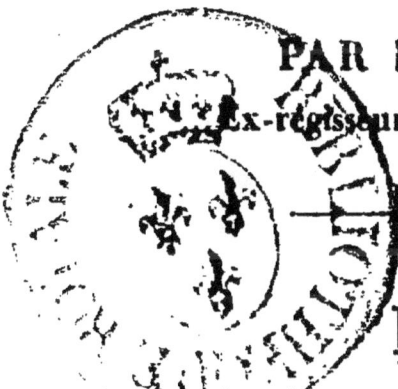

———◆———

PARIS,

RORET, LIBRAIRE, RUE HAUTEFEUILLE,
AU COIN DE CELLE DU BATTOIR.

BRUXELLES,
DENAT, IMPRIMEUR-LIBRAIRE,
1825.

AVANT-PROPOS.

M. Accum m'avait fait remettre, dans le temps, par un de ses amis, alors à Paris, son ouvrage ayant pour titre : Traité sur l'art de brasser la bière. Je m'étais borné, en le recevant, à le parcourir rapidement ; mais ayant eu depuis l'occasion de lire d'autres traités sur le même sujet, je crus devoir examiner avec plus d'attention celui de M. Accum, et je me suis ainsi assuré que les opérations concernant la fabrication de la bière en Angleterre, y sont détaillées avec tant de soin, si clairement exposées, et classées avec tant de méthode, que ce traité m'a paru devoir particulièrement présenter un véritable intérêt pour les fabricans et commerçans de bière de tous les pays. Je me suis donc déterminé à le traduire, persuadé que la publication de cet ouvrage ne peut qu'être utile, en général, à l'art du brasseur.

Mais avant d'entrer dans le détail de la fabrication anglaise de la bière, d'après M. Accum, il

a.

ne pourra paraître déplacé, sans doute, de présenter ici un exposé sommaire des procédés de fabrication de la bière dans les pays autres que l'Angleterre.

On trouve dans le *Dictionnaire raisonné des Arts et Métiers*, que la communauté des brasseurs de Paris est une des plus anciennes qui aient été érigées dans cette ville en corps de jurande; ses statuts datent de 1268; ils y sont nommés *Cervisiers*, du mot *cervoise*, qui est le nom qu'on donnait alors à la bière; et il leur était défendu de mettre dans leur bière des baies de laurier franc, du poivre long et de la poix-résine, sous peine de 20 sous parisis d'amende au profit du roi, et de confiscation, au profit des pauvres, de toute la bière en cours d'opérations. Ces statuts furent renouvelés en 1489, à cause des abus qui commençaient à se glisser dans la fabrication des bières : les brasseurs eurent encore de nouveaux statuts en 1515, sous le règne de Louis XII; il leur en fut accordé depuis par lettres-patentes de Louis XIII, du mois de février 1630. Celles-ci furent confirmées par Louis XIV, au mois de septembre 1686. On y ajouta sous ce règne dix nouveaux articles de règlement.

Il y avait à cette époque à Paris 78 maîtres brasseurs ne pouvant, d'après leurs statuts, lever de brasserie sans avoir fait cinq ans d'apprentissage, trois ans de compagnonage, avec chef-d'œuvre; les jurés devaient avoir soin de visiter les ingrédiens qui entraient dans la bière, et de veiller à ce qu'ils ne fussent point employés lorsqu'ils étaient moisis ou gâtés, etc.

Il fut imprimé et publié à Paris en 1783, par M. Le Pileur d'Appligny, un ouvrage portant le titre d'Instructions sur l'art de faire la bière; il peut être aujourd'hui de quelque intérêt de connaître comment on traitait à cette époque, c'est-à-dire il y a plus de quarante ans, de la fabrication de la bière en France, et de quelle manière on en expliquait les diverses opérations.

Suivant M. Le Pileur d'Appligny, le grain, en général, est le principal sujet qui fournit la bière: le houblon et la levure ne sont que des accessoires, et, à plus forte raison, les autres ingrédiens que le goût ou la fantaisie y fait ajouter; car la liqueur extraite des grains fermente naturellement sans le secours de la levure, et le houblon ne sert souvent qu'à modérer la fermenta-

tion et à corriger la tendance naturelle de la
liqueur à l'acescence.

On peut faire, dit M. Le Pileur d'Appligny,
de la bière avec différentes sortes de graines ou
légumes, tels que les fromens, les riz, les différentes espèces d'orge, l'avoine, les haricots, les
fèves de marais, les pois, le blé de Turquie, etc.
On les a tous mis en usage en différens temps et
en divers pays. On n'emploie pas le même grain
dans tous les pays où l'on fait de la bière. En
France, on n'y emploie généralement que l'orge;
quelques brasseurs seulement y mêlent, soit un
peu de blé, soit un peu d'avoine. Dans les pro-
vinces du nord de la France, elle se fait avec l'a-
voine, et plus généralement avec le soucrillon
(espèce d'orge d'hiver, ou escourgeon), ou même
avec l'espiote (espèce de seigle). En Allemagne,
où la bière est très commune, on fait la bière
avec le froment; on en fait aussi avec l'orge d'hiver ou escourgeon, et avec l'espèce de seigle dé-
signée par le nom d'espiote.

En Hollande, on brasse la bière, non seulement avec l'orge d'hiver ou soucrillon, mais encore avec le blé et l'avoine. Les brasseurs hol-
landais, qui tirent de la bière de chacun de

ces trois grains, ont trois sortes différentes de bière.

Ici l'auteur de ces Instructions fait observer qu'on regardait autrefois le blé comme le seul grain qui méritât la peine d'être employé pour en fabriquer de la bière, et l'on penserait encore de même si l'on n'avait dû considérer son emploi comme d'un usage plus essentiel, celui de la nourriture des hommes. Les brasseurs savent par expérience qu'un boisseau de froment leur fournit autant qu'un boisseau et demi d'orge : ainsi il y aurait un avantage réel à le préférer, puisqu'on épargnerait le tiers de la dépense nécessaire pour faire germer et sécher le grain. On objecte, à la vérité, à ce grand avantage, que le froment rend la bière épaisse et glutineuse ; mais avec les attentions convenables on peut aisément obtenir une bière aussi légère d'un grain que de l'autre ; il suffit pour cela d'employer un froment légèrement séché, parce qu'il se développe mieux que celui qui est torréfié, et fournit une plus belle couleur. La bière qu'on fabrique avec le froment est, en général, plus nutritive que celle d'orge. Cette qualité se manifeste dans les hommes, que son usage journalier engraisse, et encore plus dans les femmes, à qui cette boisson procure du lait très promptement en abondance. Les nourrices, dans la Bohême, en boivent le soir dans cette intention ; mais elles préfèrent la bière faite avec l'orge, comme plus efficace ; elle l'est en effet, parce que la bière qu'on fait dans ce pays avec le froment est plus trempée, ce qui prouve que l'on peut faire avec ce grain une boisson de même consistance qu'avec l'orge, quoiqu'il soit mucilagineux, en employant une plus grande quantité d'eau pour extraire ses principes.

L'orge est le grain que l'on emploie le plus généralement pour faire la bière, parce que, quoiqu'il fournisse moins de principes spiritueux que le froment, à quantité égale, le bénéfice est à peu près le même à cause de son plus bas prix.

L'avoine, et surtout l'espèce qui est courte, est d'une qualité inférieure au froment et à l'orge ; le grain est moins moelleux que le froment, et moins ferme que l'orge ; mais lorsqu'il est séché à une chaleur douce, il est plus propre à fournir une boisson de table. Cette boisson est légère et favorable à la digestion.

Les pois et les haricots sont seulement employés par quelques brasseurs en qualité de correctifs, et pour donner de la douceur à la bière.

La préparation du grain dont on a fait choix pour l'employer, consiste à le faire germer, à arrêter sa germination dans son commencement, à le faire sécher ensuite et à le moudre. Le grain dans cet état s'appelle *malk* en allemand, et en français *drèche* ou *malt*.

Cette préparation n'est cependant pas, suivant M. Le Pileur d'Appligny, d'une nécessité absolue pour faire de la bière; on pourrait en fabriquer avec du grain tout simplement bouilli dans l'eau, c'est même ainsi, dit-il, que les Indiens obtiennent une décoction de riz qui leur fournit un moût de consistance, d'une gelée claire, dont ils tirent par la fermentation une boisson vineuse qu'ils conservent sous terre pendant plusieurs années; on traita de même pendant long-temps en Amérique le blé de Turquie, jusqu'à ce qu'on y eût imaginé le moyen de le faire germer en terre et de l'en tirer avant que sa germination fût trop avancée; mais l'expérience a appris que lorsque le grain est mis à l'état de drèche d'après les procédés adoptés en France, en Allemagne et dans d'autres pays, sa dissolution dans l'eau est plus facile, et fournit, après une fermentation convenable, environ moitié plus de principes spiritueux que l'infusion d'un poids égal de grain qui n'aurait pas éprouvé, par la préparation, cette conversion. On est dans l'usage à Paris de faire macérer le grain pendant trente ou quarante heures dans de l'eau de rivière ou de fontaine; cette macération se prolonge en Allemagne pendant deux ou trois jours. Mais on a fait l'observation qu'il convient de ne pas laisser tremper le grain plus long-temps que le besoin ne l'exige, afin d'éviter que quelque portion de la substance sucrée ne soit dissoute et absorbée par l'eau; c'est aussi par cette raison que la macération doit se faire dans l'eau froide, et jamais dans de l'eau chaude, ou même tiède, ni dans un endroit trop chaud, parce qu'il serait à craindre que la chaleur, en donnant trop d'action à l'eau, ne la rendît susceptible d'extraire du grain le principe qu'on n'a dessein que de développer. Il convient aussi que les grains soient macérés dans leur entier et non brisés, afin que le principe ne se dissipe pas, mais qu'il reste renfermé sous leur enveloppe.

Lorsque le grain est suffisamment imbibé, on le transporte sur un plancher sec, sur lequel on l'étend en monceaux unis, élevés de la hauteur d'environ deux pieds. On appelle à Paris l'endroit où sont ainsi déposés ces monceaux de grains le *germoir*.

On a coutume en Allemagne de retourner fréquemment ce grain avec des pelles de bois, afin qu'il s'échauffe également, se resserre, et laisse évaporer une partie de l'humidité qu'il a contractée.

A Paris, on est dans l'usage de laisser subsister les premiers tas ou monceaux de grains pendant vingt-quatre heures sans y toucher. Au bout de ce temps, on met le grain en couches, c'est-à-dire qu'on étend les monceaux ou tas en les réduisant à une hauteur de huit à neuf pouces. On laisse le grain dans cet état jusqu'à ce que, par sa chaleur naturelle, le germe commence à sortir. Lorsqu'on le voit pointer hors du corps du grain, on juge qu'il convient de *rompre la couche*, opération qui consiste à remuer les couches à la pelle pour changer le grain de place, et à le remettre en couches comme auparavant, mais en leur donnant moins d'élévation. On laisse les nouvelles couches de grain dans cet état pendant douze ou quinze heures; au bout de ce temps, on remue de nouveau le grain à la pelle; et après l'avoir remis en couches, il suffit de l'y laisser encore pendant douze ou quinze heures, pour que le germe du grain soit poussé au point convenable pour qu'il soit jugé propre à être mis au four. Le procédé qu'on suit en Angleterre pour cette première préparation du grain, dont le but est d'en produire la germination et de l'arrêter à temps, est, ainsi qu'on pourra le voir par la suite, beaucoup plus simple.

On se sert à Paris pour faire sécher la drèche, suivant M. Le Pileur d'Appligny, d'une machine que l'on nomme *touraille*, ayant la forme d'une pyramide équilatérale creuse, dont le sommet est tronqué, et la base en haut; sur cette base ou superficie supérieure, est un plancher construit en tringles de bois, communément de sapin, de trois pouces d'équarissage, avec le même intervalle entre elles, c'est sur ces tringles que s'étend une grande toile de crin qui s'appelle la *haire*, et au-dessous de laquelle se place en dedans le germoir. Après avoir mis le grain au sortir du pressoir, sur cette haire qui sert de plancher à la touraille, et l'y avoir étendu en couches de cinq à six pouces d'épaisseur, on fait du feu dans le fourneau jusqu'à ce que l'on s'aperçoive que la grande humidité du grain mouillé commence à sortir; alors on remue ce grain, en jetant celui qui est sur une moitié du plancher sur l'autre moitié. Cela fait, on étend le tout sur toute la superficie de la touraille. Cette manœuvre s'appelle à Paris *retourner la touraille pour la première fois.*

Après que la touraille a été retournée, on ranime le feu du fourneau, et on le continue jusqu'à ce qu'on reconnaisse que toute l'humidité du grain est sortie et qu'il est temps de la retourner une seconde fois, ou ce qu'on appelle *rebrouiller la touraille.* Dans cette manœuvre, on ne jette point le grain l'un sur l'autre, comme quand on a retourné; on le prend seulement avec la pelle et on le retourne sens dessus dessous, pelletée à pelletée; on laisse la touraille rebrouillée dans le même état et sans feu pendant quelques heures, pour donner à la chaleur du fourneau le temps de dissiper le reste d'humidité qui pourrait se trouver dans le grain, après quoi on l'ôte de dessus la touraille pour le cribler au crible de fer, afin d'en séparer ce qu'on appelle les tou-raillons, c'est-à-dire le germe séché, ainsi que la poussière.

Les brasseurs de France sont dans l'usage, non seulement de faire sécher le grain, mais encore de le rissoler un peu, s'imaginant sans doute ainsi que, dans cet état, le grain rendu par la dessic-cation plus facile à moudre, en l'empêchant de s'empâter, acquiert, par le surplus de degré de chaleur qui le rissole, la propriété de donner de la couleur à la bière, ou quelque autre qualité ; mais M. Le Pileur d'Appligny annonce au con-traire, comme fait reconnu par l'expérience, que la bière la meilleure et la plus saine est celle faite avec du grain convenablement desséché et sans avoir été rissolé ; que celui qui a été chauffé à un feu trop violent, ou trop long-temps con-tinué, produit une bière âpre, épaisse, très dif-ficile à fermenter et à s'éclaircir ensuite.

Les brasseurs de Paris ne portent pas leur grain au moulin au sortir de la touraille ; ils le laissent reposer pendant quelques jours. Le mou-lin dont ils se servent ordinairement est un mou-lin à double tournure ; il a deux rouets, deux lanternes indépendamment du grand rouet, il fait tourner une meule sur l'autre, et c'est entre ces deux meules que le grain est moulu ; il y est introduit au moyen d'une trémie et d'un auget. Le grain réduit en farine sort par l'anche, et tombe dans un sac. Quant au degré de finesse à donner au grain moulu, les brasseurs s'accordent, en général, à penser qu'il suffit qu'il soit réduit en farine grossière : c'est la manière adoptée par les brasseurs de Paris et ceux d'Allemagne ; ils font en sorte que la farine ne soit ni trop grosse ni trop fine, l'un et l'autre excès ayant ses inconvéniens. Lorsqu'elle est trop grosse, le suc ne s'en extrait pas facilement ; si elle est trop fine, elle forme, lorsqu'elle est en infusion, une espèce de mortier que l'eau ne peut que très difficilement pénétrer.

On était autrefois dans l'usage en France de faire bouillir de l'eau dans une chaudière, de la verser dans une grande tonne, et d'y ajouter, lorsque la vapeur était suffisamment dissipée, la quantité de drèche qu'on se proposait d'employer. Cette pratique avait ses inconvéniens, en ce que la drèche était ainsi sujette à se former en grumeaux et en pelotons, qu'il était souvent impossible de diviser. On a substitué depuis à cette pratique défectueuse celle qu'on mettait en usage à cet égard en Angleterre.

On commence par mettre la drèche dans une *cuve-à-tonne-matière* ou de mélange, parce qu'elle est destinée à mêler la drèche avec l'eau. On fait chauffer l'eau dans une chaudière, et lorsqu'elle bout, on la verse dans la tonne du mélange, par-dessus la drèche. La quantité d'eau doit être réglée sur la facilité requise pour agiter la matière avec des rames, des râbles ou autres instrumens équivalens, dont les uns agissent perpendiculairement, les autres horizontalement. On laisse reposer le mélange pendant un quart d'heure, après quoi on ajoute une nouvelle quantité d'eau, puis l'on agite comme la première fois. Enfin on ajoute tout le restant de l'eau qu'on a l'intention d'employer, et cela proportionnellement au degré de force que l'on désire donner à la bière. Cette manipulation s'appelle *brasser*. On peut laisser reposer le tout pendant deux ou trois jours, plus ou moins, selon la force du moût et la température de l'air; après quoi, on fait couler la liqueur dans un vaisseau destiné à la recevoir, que, par cette raison, on nomme *récipient* ou *recette*. On remplit de nouveau la cuve-matière avec de l'eau qu'on a fait chauffer dans la chaudière, mais qui doit être moins chaude que la première fois. On agite de nouveau le mélange et on le laisse reposer; mais, cette fois-ci, il suffit de la moitié du temps. On réunit ensemble ces deux moûts, et l'on y ajoute la quantité de houblon nécessaire. Cette quantité doit être proportionnée au temps pendant lequel on se propose de garder la bière. On verse le tout dans la chaudière, qu'on a soin de tenir couverte, et l'on fait bouillir à un feu modéré pendant une heure ou deux, au bout duquel temps on verse encore la liqueur dans la recette, où elle dépose et d'où elle tombe claire dans les *réfrigérans*, au moyen d'un filet adapté à l'orifice du robinet, et destiné à retenir le houblon.

L'usage de ces réfrigérans est, comme leur nom l'indique, de rafraîchir la liqueur, dont la chaleur est trop forte au sortir de la chaudière pour qu'elle puisse subir la fermentation. Lorsque la liqueur est suffisamment refroidie, on la verse dans une grande cuve, on y ajoute une certaine quantité de levure de bière, et on la laisse fermenter jusqu'à ce qu'elle soit en état d'être mise dans les tonneaux.

Lorsque la bière a fermenté suffisamment à découvert dans la cuve, on la met dans des tonneaux, où elle subit une seconde fermentation. On choisit pour cela des futailles qui aient déjà contenu de l'aile ou de la bière. Elles ne seraient que meilleures si elles avaient contenu du vin; mais il faudrait que la bière fût faite beaucoup plus forte qu'à l'ordinaire, si l'on avait l'intention de la mettre dans des futailles neuves, autrement elle ne pourrait s'y conserver long-temps en bon état : elle serait plate et aurait perdu beaucoup de son goût, parce que le bois absorberait une partie des principes spiritueux qui s'imbiberaient dans ses pores.

Le moment d'entonner la bière est lorsque la fermentation est bien établie dans la cuve, sans être néanmoins trop avancée, parce qu'étant encore dans sa vigueur, elle facilite la dépuration de la bière, qui, par ce moyen, se clarifie mieux dans les tonneaux.

L'addition du houblon au moût de bière a, dit M. Le Pileur d'Appligny, pour principal objet de modérer la fermentation et d'empêcher les acides de dominer dans la liqueur; mais on peut aussi le regarder comme une espèce d'assaisonnément qui leur communique une odeur et une saveur agréables.

Tous les amers, en général, ont la propriété de corriger l'acidité des liqueurs avec lesquelles on les mêle; c'est un fait bien connu des brasseurs en Angleterre, qu'on peut avec succès substituer au houblon la racine de gentiane ou même la petite centaurée. La seule différence qu'on dise avoir remarquée dans l'emploi de ces plantes, c'est qu'elles n'ont pas le parfum aromatique du houblon; mais le roseau odorant (*calamus aromaticus*) a une amertume et une odeur très agréables. On l'emploie quelquefois en Angleterre à la place du houblon, on le fait même parfois bouillir avec le houblon dans le moût, et l'on a éprouvé qu'il en épargne environ un sixième.

La quantité de houblon qu'on est dans l'usage d'employer varie selon sa force et aussi suivant celle de la bière à laquelle on l'ajoute. Cette quantité doit être proportionnée à celle de la drèche et au temps qu'on a l'intention de garder la bière, sans avoir égard à la quantité de la liqueur. La règle que les brasseurs suivent le plus généralement est de mettre pour huit boisseaux de drèche autant de livres de houblon qu'on veut garder de mois la bière, deux livres pour deux mois, etc. Mais si la bière était destinée à être envoyée en tonneaux dans un pays plus chaud que celui où elle a été faite, il serait nécessaire d'augmenter d'un tiers la dose du houblon. Sans cette précaution, la chaleur réveillerait l'acidité de la drèche, qui l'emporterait bientôt sur la qualité corrective du houblon, et la bière s'aigrirait.

Toutes choses égales, la bière brassée pendant l'été exige une plus grande quantité de houblon que celle que l'on brasse au printemps et en automne. Il en faut moins en hiver que dans toute autre saison.

M. Le Pileur d'Appligny ne considère pas le houblon comme étant absolument essentiel à la composition de la bière ; il le regarde nécessaire lorsqu'on forme plusieurs moûts, parce que, pendant qu'on brasse les autres moûts, les premiers qu'on a versés dans la recette pourraient subir une fermentation précoce, qui, se trouvant plus avancée que celle des derniers moûts lorsqu'on les réunit ensemble, ferait manquer l'opération ; mais le houblon est inutile lorsqu'on ne forme qu'un seul moût, surtout si on le fait fermenter sans l'avoir fait bouillir.

Il est des brasseurs qui font entrer d'autres ingrédiens dans la composition de la bière, soit en les brassant avec la drèche même, soit en les faisant bouillir avec les moûts, soit enfin en les mettant dans les tonneaux après que la bière est faite.

C'est encore pour améliorer la qualité du moût et pour la rendre plus spiritueuse, ou pour donner à la bière un parfum particulier, qu'on ajoute, lorsqu'on brasse le mélange d'eau et de drèche, des matières aromatiques d'une saveur et d'une odeur fortes et pénétrantes, telles, par exemple, que le *cortexwin terannus,* la graine de paradis, le gingembre, etc.

Quelques brasseurs de Paris ajoutent la coriandre, soit en grains, ou moulue. Ceux qui l'emploient en grains l'enferment dans un sac de toile, qu'ils suspendent dans la cuve où la bière est en fermentation; ceux qui s'en servent moulue pratiquent le même moyen, ou saupoudrent la bière lorsqu'elle est dans les réfrigérans.

On est assez dans l'usage en Allemagne de faire bouillir le moût de bière avec différentes herbes, telles que l'absinthe, la centaurée, le pouliot, la pimprenelle, les baies de laurier, etc. Quelques brasseurs ajoutent à la bière, lorsqu'elle est cuite et versée dans les tonneaux, des feuilles et des racines de plantes aromatiques qui ne peuvent nuire à la santé, et plaisent aux gens des pays. On prend, par exemple, du gingembre et de la cannelle, de chacun deux gros ; de racines d'iris, de *calamus aromaticus*, de baies de laurier, de chacun un gros ; de macis, d'œillets, de noix muscade, de chacun un demi-gros. On réduit tout cela en poudre, qu'on renferme dans des nouets de toile, et on les jette dans les tonneaux. On ajoute quelquefois de la racine de zédoaire.

Les brasseurs emploient quelquefois les baies de sureau pour colorer la bière ; au moins cet effet paraît être dans leur intention. Il semble certain que ces baies ont une autre propriété, celle de rendre une liqueur réellement vineuse. Ces baies fournissent seules une liqueur épaisse, susceptible d'éprouver d'elle-même la fermentation, après laquelle elle acquiert une forte odeur vineuse qui approche de celle de quelques vins d'Espagne. Mais, si l'on corrige la trop grande épaisseur du suc de ces baies, en le délayant avec la quantité d'eau qu'on emploie pour brasser la drèche, et si on lui associe ces baies dans la proportion de deux boisseaux, pour l'infusion de six boisseaux de drèche pâle, on obtiendra, par la fermentation, une liqueur qui aura encore plus l'apparence de vin.

D'autres brasseurs ajoutent avec succès de la mélasse à l'infusion de drèche, pour augmenter ses principes spiritueux et donner de la vigueur à la bière. Cette addition est de fraude en France; cependant on en tolère l'usage, lorsque les brasseurs ne l'emploient que pour rétablir des bières qui tournent à l'aigre.

Le ferment que l'on emploie pour la bière n'est autre chose que les féces ou fleurs qui se sont formées et s'élèvent à la surface d'une autre bière, lorsqu'elle fermentait; en sorte que ces fleurs ou cette levure qu'on ajoute au moût de bière donne naissance à une bière nouvelle, et ainsi successivement. On distingue la première levure de la seconde. La première consiste dans l'écume de la fonte des mousses qui se forment au commencement de la fermentation, que son bouillonnement fait sortir par la bonde des ton-

neaux, et qui se répand dans les baquets placés
au-dessous pour la recevoir. Dans quelques pays,
on nomme cette première levure féces de houblon, parce qu'elle entraîne avec elle une quantité considérable de la substance du houblon, ce
qui la rend très amère ; on rassemble toutes ces
mousses dans un tonneau ; il se forme au-dessus
une écume blanche comme du lait, qui surnage ;
on la ramasse avec une écumoire de bois, et
on la met à part. La liqueur qui reste après que
cette écume blanche surnageante a été ainsi enlevée, est ensuite distribuée dans les tonneaux
où est la bière, et qui, continuant à fermenter,
se débarrasse d'une matière féculente un peu plus
épaisse que la première. Cette matière est la levure proprement dite que l'on emploie pour exciter la fermentation dans le moût de bière et
pour faire lever la pâte destinée à faire du
pain ou de la pâtisserie. Dans l'emploi qu'on
a à faire de la levure, il est essentiel de savoir
d'où elle provient, parce qu'il y a une grande
différence entre celle qui a été produite par
une petite bière et celle qui l'a été par une
bière forte. Cette dernière est de beaucoup meilleure, comme plus substantielle, et l'on peut

d'autant mieux compter sur ses effets qu'elle opère lentement. Elle produit ainsi une fermentation plus régulière et plus parfaite; au lieu que la bière qui provient des bières légères, agissant trop brusquement, excite dans le moût un bouillonnement violent et une sorte d'effervescence, d'où s'ensuivent la dissipation et souvent l'absence des principes spiritueux.

Il faut avoir l'attention de n'employer que de la levure de bonne qualité, qui soit fraîche et de bonne odeur, et qui ne tende en aucune manière à l'acidité.

Quelques personnes se contentent d'employer pour ferment une pâte composée de farine de froment, de haricots et de drèche, délayée avec des blancs d'œufs pour lui donner de la consistance : on n'en emploie pas d'autre pour faire l'aile dans une partie de la Flandre. C'est aussi le ferment indiqué pour faire la bière, que les Allemands appellent *mun*.

D'autres, considérant la difficulté de se procurer de la levure en tout temps, et d'en conserver pour l'avoir prête au besoin, ont imaginé des fermens artificiels, composés du mélange d'ingrédiens fermentescibles ; mais ces fermens se sont trouvé produire peu d'effet, même en comparaison du levain ordinaire des boulangers. Le moyen le plus simple et le plus sûr de parvenir à conserver pendant plusieurs mois de la levure dans toute sa fraîcheur, consiste à presser doucement et par degrés la levure dans un sac de toile épaisse et serrée, et d'en exprimer l'humidité sous une presse à vis jusqu'à ce que la matière contenue dans le sac ait acquis la consistance de la glaise. Lorsque la levure est dans cet état, il faut la mettre dans un tonneau bien bouché, où l'air ne puisse avoir accès; elle s'y conservera fraîche et saine pendant plusieurs mois.

Une quantité de levure ainsi séchée et réduite en poudre a été envoyée en Amérique dans des bouteilles bien bouchées, et y est arrivée sans avoir éprouvé aucune altération.

Ici, M. Le Pileur d'Appligny fait précéder d'une description des brasseries et des ustensiles nécessaires pour faire la bière, le détail de la manipulation des brasseurs de Paris.

La meilleure forme que l'on puisse donner à une brasserie, lorsqu'on peut disposer du terrain, est celle d'un carré long, de soixante à quatre-vingt-dix pieds de long sur quarante à soixante pieds de largeur. Cette disposition est la plus convenable pour placer avantageusement les ustensiles et faciliter le service. Avant de construire le bâtiment, il sera prudent d'examiner à quelle distance est situé l'endroit d'où l'on peut tirer de l'eau pour brasser, et comment il sera possible de la faire conduire avec le moins de frais à la brasserie, et prévoir les moyens de l'avoir à sa portée, même ceux de la clarifier, si cela est nécessaire. Dans plusieurs grandes villes, telles que Paris, on peut se dispenser de cette prévoyance; mais elle est indispensable à la campagne. Il convient que la brasserie soit située, autant que possible, entre le nord et le midi. On place une ou plusieurs chaudières le long de la muraille au midi; au côté opposé, et en dehors, on fera construire, en briques ou en pierres, une citerne bien cimentée en dedans pour recevoir l'eau élevée par la machine; et l'on fera pratiquer dans l'épaisseur du mur des tuyaux de plomb et des robinets de cuivre pour la facilité de verser l'eau dans les chaudières.

Cette citerne étant destinée à recevoir toute

l'eau dont on a besoin, elle peut avoir trente pieds de long sur dix pieds de large et dix pieds de profondeur, lorsque la brasserie a quatre-vingt-dix ou soixante pieds. Mais, quelque dimension qu'on donne à cette citerne, il faut toujours avoir soin qu'elle soit proportionnée à la quantité d'eau que l'on doit employer.

Les chaudières dont on se sert ordinairement sont faites de grandes tables de cuivre, clouées ensemble avec des clous du même métal. Elles sont montées sur des fourneaux construits en briques ou en tuileaux, et rarement en pierres, à cause de la difficulté qu'il y a d'en trouver qui résistent au feu.

Les chaudières sont traversées dans toute leur largeur par deux sommiers ou pièces de bois de chêne d'environ neuf pouces de largeur sur un pied de hauteur, entre lesquelles est un espace vide de vingt-deux pouces, afin de pouvoir remplir et vider les chaudières. A ces sommiers sont attachées des planches qui servent à couvrir les chaudières et à porter les *bacs à jeter*, qui doivent toujours y rester. Ce sont des bacs ou baquets destinés à recevoir tout ce qui sort des chaudières.

La situation et l'élévation des chaudières déterminent nécessairement l'emplacement des autres vaisseaux, qui sont, savoir : la tonne du mélange, que les brasseurs de Paris appellent *cuve-matière*, dans laquelle on verse l'eau des chaudières ; le récipient placé au-dessous de cette tonne, destiné à recevoir la liqueur qu'on en fait couler après que le mélange a été brassé ; les réfrigérans dans lesquels on verse le moût qu'on a fait bouillir dans la chaudière avant de le mettre dans la cuve à fermenter. Pour la facilité de ces différentes opérations, il convient donc que les chaudières soient plus élevées que les autres vaisseaux.

Dans les grandes brasseries, l'élévation des chaudières est ordinairement de douze pieds au-dessus du rez-de-chaussée, et cette hauteur est convenablement proportionnée à la grandeur des vaisseaux dont on y fait usage.

La tonne du mélange, ou cuve-matière, est en bois ; les douves ont ordinairement de deux pouces à deux pouces et demi d'épaisseur sur quatre à cinq pouces de largeur ; la profondeur est d'environ quatre pieds et demi. Elle a un double fond : celui d'en bas est plein ; mais il est surmonté d'un autre fond, que l'on appelle *faux-fond*, et qui est percé d'une multitude de petits trous faits en cône, c'est-à-dire plus ouverts à la partie inférieure des planches qu'à leur partie supérieure ; ces planches sont soutenues au-dessus du premier fond par deux ais d'environ deux pouces de hauteur, attachés sur elles-mêmes ; de sorte qu'il se trouve deux pouces d'intervalle entre les deux fonds. Le faux-fond est arrêté en dessus par un cordon de bois qui règne tout autour de la tonne. Ce cordon, qui a environ trois pouces de large, sert à retenir tous les bouts des planches du faux-fond, et à empêcher qu'elles ne se lèvent avec l'eau qu'on fait couler dans la tonne ou cuve-matière. Dans un endroit le plus commode de cette tonne, on place debout une espèce de pompe ou tuyau de bois, qu'on appelle à Paris *pompe à jeter trempe*, parce que c'est par ce tuyau qu'on fait arriver l'eau pour tremper la drèche et la brasser. Ce tuyau, qui traverse le faux-fond, pose sur l'autre fond, mais ne s'y applique pas : il est appuyé sur quatre espèces de pieds pratiqués à ses quatre angles ; et l'espace évidé entre ces quatre pieds suffit pour donner passage à l'eau.

Un cuvier, que les brasseurs à Paris nomment *reverdoir*, placé plus bas que la tonne du mélange, ou même en partie au-dessous, sert de récipient ou recette. Ce cuvier étant destiné à recevoir le mélange d'eau et de grain moulu après qu'on les laisse reposer, ce mélange parvient dans le tonneau au moyen d'un robinet qui y est adapté. On a établi dans le récipient ou recette une pompe à chapelet, servant à élever le mélange qu'il a reçu pour le porter dans la chaudière où l'on doit le faire bouillir. Ce transport dans la chaudière s'effectue par une gouttière qui porte de l'autre bout sur le bord de la chaudière.

Lorsque le moût a bouilli dans la chaudière, on le fait passer dans les réfrigérans ou *bacs de décharge*, ainsi nommés parce que le moût s'y rafraîchit, et doit y rester jusqu'à ce qu'il soit à la température convenable pour y ajouter la levure, afin de le faire entrer en fermentation.

On peut faire couler directement le moût dans les réfrigérans sans le faire passer dans le récipient, par la raison qu'étant plus avantageux que la chaleur diminue également dans tout le volume du moût, on obtient plus aisément et plus parfaitement cet effet dans les réfrigérans, où ce moût ne doit être qu'à la hauteur de deux pouces ; et c'est pour cela qu'on donne à ces vaisseaux beaucoup de largeur et peu de profondeur.

La cuve-matière, que les brasseurs de Paris nomment *cuve guilloire*, est semblable à celle où l'on fait fermenter le vin. Sa grandeur doit être proportionnée à la quantité de moût en préparation.

Toutes les bières sont, en général, à peu près brassées de la même manière ; c'est-à-dire qu'on fait chauffer l'eau dans une chaudière, qu'elle passe de là dans la tonne du mélange ou cuve-matière à deux fonds, ensuite dans le récipient, pour retourner dans la chaudière, puis de cette chaudière dans la cuve, où la liqueur fermente, et enfin la bière se met dans les tonneaux, où elle achève de fermenter et s'éclaircit. Mais la manière de conduire les opérations, celle d'employer les mêmes ingrédiens, leur qualité, leur quantité, la manière de régler la fermentation, celle d'éclaircir la liqueur, toutes ces circonstances présentent de si grandes différences dans

la couleur, la saveur, la salubrité des bières,
qu'on en pourrait distinguer presque autant
qu'il y a de vins provenant de différens vi-
gnobles. Il est donc à propos de connaître les
différentes manières d'opérer que l'on suit en
divers pays, afin de se décider, d'après un mûr
examen, sur celle qui mérite la préférence; et,
en conséquence, M. Le Pileur d'Appligny croit
devoir commencer par rendre compte de la
manière dont se fabrique la bière par les brasseurs de Paris. Il fait observer qu'il ne spécifie
point, dans le détail qu'il donne des opérations,
les proportions d'eau, de drèche et de houblon, parce que ces proportions varient selon
l'usage adopté par chaque brasseur.

Dans l'ordre des manipulations des brasseurs
de Paris, lorsque la drèche est faite, séchée et
refroidie, on en met dans la tonne du mélange
ou cuve à double fond, la quantité que l'on a
l'intention d'employer; on remplit d'eau de puits
une chaudière, et, après l'avoir convenablement
chauffée, on la vide dans la tonne. Le moyen
dont se servent les brasseurs de Paris pour juger si cette chaleur de l'eau est convenable,
est bien peu sûre et bien vague. Ils se con-

tentent de présenter le bout du doigt à la surface de l'eau; si elle pique au premier abord,
c'est un signe, suivant eux, qu'elle est au point
nécessaire; c'est ce qu'ils appellent *goûter l'eau*.
Il ne faut pas négliger la précaution, lorsqu'on
vide l'eau de la chaudière, de retirer le feu
de dessous; autrement cette chaudière, restant
à sec, pourrait être endommagée et brûlée.

L'eau est conduite de la chaudière sur les
bacs à jeter, et de ceux-ci dans la tonne, par
le moyen d'une gouttière, dont un des bouts
porte sur ses bords, et, disposée convenablement, elle tombe jusqu'au fond plein de cette
tonne. L'intervalle compris entre ce fond et le
faux-fond percé de trous se remplit d'eau. Lorsqu'il est plein, l'eau de la chaudière, qui continue à descendre des bacs à jeter, force celle
qui est entre les deux fonds à sortir par les
trous du faux-fond. La farine qui couvre ce
faux-fond est enlevée par l'effort de l'eau jail-
lissant par les trous jusqu'au niveau des bords
de la tonne. Des ouvriers armés d'un *fourquet*,
espèce d'instrument de fer ou de cuivre percé
dans son milieu de deux grands yeux en longueur, écartent la farine vis-à-vis de ces trous,

jusqu'à ce qu'ils aient atteint l'eau, qui s'enlève en masse. Aussitôt que l'eau a gagné ainsi la farine, ils l'agitent pour la bien mêler avec ce liquide et l'y bien délayer, au moins en gros. Alors, au lieu du fourquet, ils se servent d'un autre instrument de bois, qu'ils appellent la *vague* ou brassoir. C'est une espèce de long rabot, terminé par trois fourchons qui sont traversés plus ou moins par trois ou quatre chevilles. Cet instrument, qu'ils plongent dans la tonne, leur sert à agiter fortement l'eau avec la farine, ce qu'ils appellent *vaguer*, et ils ne cessent cette manœuvre que lorsque la farine est délayée le plus complétement possible. Les brasseurs de Paris donnent le nom de fardeau au mélange d'eau et de farine, lorsqu'il est amené à cet état.

On ne touche point au mélange pendant une heure ou environ ; ce temps suffit ordinairement pour que toute la farine se précipite et se repose sur le faux-fond ; la liqueur que les brasseurs de Paris nomment alors *liqueur des métiers*, demeure au-dessus.

Lorsqu'au bout d'environ une heure cette liqueur s'est éclaircie, alors *on donne avis*, terme dont on se sert pour exprimer qu'on fait passer une liqueur d'une cuve dans une autre, ce qui s'effectue, dans ce cas-ci, en levant ce qu'on appelle en terme de brasserie, *une tape de bois*, qui traverse le faux-fond et ferme le trou pratiqué dans le fond de la cuve. Cette tape étant levée, la liqueur comprise entre les deux fonds passe dans le récipient; quant à celle qui repose sur la farine, lorsque l'espace entre les fonds est vide, la liqueur filtre à travers cette farine et achève ainsi de se charger de son suc.

Pendant que la liqueur s'éclaircit, on remplit la chaudière avec une nouvelle eau, jusqu'à une certaine hauteur; on ajoute à cette eau une partie de la liqueur provenant du premier mélange, et l'on achève de remplir la chaudière pour une seconde *trempe*, ou nouvelle infusion. On fait le feu sous la chaudière, et on l'entretient jusqu'à ce qu'elle commence à bouillir. Le reste de la liqueur du premier mélange est mis à part.

Lorsque ce mélange d'eau et d'une portion de la liqueur du premier mélange est au moment d'entrer en ébullition, on la vide dans les bacs à jeter; et après avoir, comme la première fois, délayé avec le fourquet et agité ensuite avec la vague, on laisse reposer ce second mélange pendant environ une heure. Au bout de ce temps, on ajoute à la liqueur la quantité convenable de houblon ; on fait du feu sous la chaudière, et le tout cuit ensemble.

C'est alors que le travail de la bière rouge et celui de la bière blanche commencent à différer ; car jusqu'à cette époque la manipulation est la même pour l'une comme pour l'autre. La seule différence consiste en ce qu'on a beaucoup plus fait sécher la drèche pour la bière rouge que pour la bière blanche.

La cuisson de la bière rouge est beaucoup plus considérable que celle de la bière blanche. Cette dernière se fait dans trois ou quatre heures, suivant la capacité des chaudières ; tandis que la cuisson de la bière rouge en exige de trente à quarante. Au surplus, le plus grand degré de feu qu'on fait subir à la drèche et celui de la cuisson de la bière dans la chaudière sont les seules circonstances qui établissent la différence dans la couleur des bières.

Lorsque la bière est convenablement cuite, on vide la chaudière sur les bacs à jeter, d'où elle s'écoule dans les réfrigérans, qui se nomment à Paris *bacs de décharge* ; on fait couler sur ces bacs la bière avec le houblon par le moyen des gouttières disposées exprès, et elle y reste jusqu'à ce qu'elle soit bonne à ce que les brasseurs de Paris appellent *mettre en levain.*

On ne peut rien dire de positif sur le degré de tiédeur ou de chaleur que doit avoir la bière pour être mise en levain. Ce degré varie suivant les températures de l'air, et l'on est obligé de mettre en levain à un degré beaucoup plus chaud en hiver qu'en été; on attend dans cette dernière saison que la bière soit froide. Il n'y a qu'un long usage et une grande expérience qui puissent bien faire connaître ce degré convenable de température, que les brasseurs de Paris ne cherchent point à déterminer au moyen du thermomètre.

Lorsqu'on a reconnu, par l'habitude, que la bière est au degré convenable pour être mise en levain, on en fait couler dans la cuve à fermenter ou cuve guilloire, au moyen des robinets adaptés aux réfrigérans, une certaine quantité dans laquelle on jette de la levure de bière, plus ou moins, suivant la quantité de bière qu'on a à mettre en levain.

La levure étant mise dans la quantité de bière
qu'on a fait passer des réfrigérans dans la cuve
à fermenter, on a ce que les brasseurs de Paris
appellent *le pied de levain*. On ferme les robinets,
et on laisse le tout environ une heure ou deux
dans cet état. Pendant ce temps, la fermentation
s'établit, ce qui se reconnaît aux crevasses qui se
font aux mousses à différens endroits de la surface de la cuve. Alors il faut faire couler de nouveau de la bière des réfrigérans dans la cuve,
afin d'entretenir la fermentation, en observant
cependant de ne pas lâcher d'abord les robinets
à plein canal, pour ne pas s'exposer à fatiguer
le pied de levain, au lieu qu'en modérant pendant quelque temps l'écoulement, la fermentation
se maintient en vigueur, et il vient un moment
où l'on peut ouvrir les robinets entièrement.

Quand toute la bière a passé des réfrigérans
dans la cuve, la fermentation continue; elle augmente jusqu'à un certain point de force ou de
maturité, et ce point est celui auquel on peut
entonner la bière. On connaît que le levain est
mûr, lorsque les rochers de mousse, que la fermentation a engendrés, commencent à s'affaisser
et à fondre sur eux-mêmes. Lorsqu'ils ne se re-

produisent plus, et qu'on ne remarque plus à la superficie du levain qu'une grosse écume très dilatée, on frappe alors sur cette écume avec une grande perche pour le faire rentrer dans la liqueur ; c'est ce que les ouvriers appellent *battre la guilloire.*

Lorsque la guilloire est battue, on entonne la bière dans des tonneaux rangés à côté les uns des autres sur des chantiers sous lesquels sont des baquets ou moitiés de tonneaux ; c'est dans ces vaisseaux que tombe la levure au sortir des tonneaux. L'endroit de la brasserie où sont rangés les tonneaux s'appelle l'*entonnerie.*

La levure ne se forme pas aussitôt que la bière est entonnée, quoique, selon toute apparence, la fermentation n'ait pas cessé. Il ne sort d'abord que de la mousse qui se fond promptement en bière ; ce n'est guère qu'au bout de trois ou quatre heures que la bière commence à se former. Il est facile de distinguer le changement : la mousse ne sort plus alors aussi promptement, elle devient plus grasse et plus épaisse ; mais, bientôt après, la fermentation se rallentit. Alors *on pure le baquet,* c'est-à-dire, en terme de brasserie, qu'on retire la bière provenue de la fonte des mousses, et l'on en remplit les tonneaux; mais, comme le produit des baquets ne suffit pas pour le remplissage, on a recours à de la bière du même brassin mise en réserve à cet effet.

Les tonneaux ainsi remplis recommencent à fermenter avec une nouvelle vivacité, et jettent alors la vraie levure. On a soin d'entretenir et d'activer la fermentation, en remplissant de temps en temps les tonneaux, c'est-à-dire que deux heures après qu'on a fait le premier remplissage, on en fait un second, mais sans purer les baquets. Deux autres heures après, on fait le troisième remplissage; au bout d'une heure, le quatrième; et, à peu près à la même distance de temps, le cinquième et dernier.

Tous ces différens remplissages étant faits, on laisse la bière tranquille sur les chantiers, et ce n'est que vingt-quatre heures après qu'elle peut être bondonnée. Si l'on se hâtait de bondonner, la fermentation n'étant pas achevée, on exposerait les tonneaux à s'ouvrir en quelque endroit.

M. Le Pileur d'Appligny, après avoir fait suivre la description de l'établissement d'une brasserie, ainsi que des objets et ustensiles qui doivent la composer pour la rendre propre à la fabrication de la bière, de la manipulation, pour cette fabrication, des brasseurs de Paris, traite ensuite des opérations, dans le même objet, des brasseurs de Londres. Mais, si nous avons cru devoir présenter presque littéralement, d'après son exposé, le détail des travaux des brasseurs de Paris, nous nous croyons dispensés de rien dire sur ce qui se pratique à cet égard en Angleterre, puisque M. Accum, dans son Traité sur l'art de brasser la bière dont nous donnons ici une traduction fidèle, n'a rien omis des opérations de cet art à Londres, qu'il les a toutes exposées dans le plus grand détail, en les expliquant de la manière la plus claire et en les appuyant de la discussion éclairée d'un art dont il avait fait une étude approfondie.

L'art de fabriquer la bière consiste, en général, à extraire, par des infusions successives, à une température déterminée, les principes extractifs de la drèche ou du malt; à y faire ensuite infuser du houblon en quantité convenable, pour en faire une boisson agréable et qui puisse se garder; enfin, à y ajouter de la levure dans une proportion connue, pour obtenir une fermentation complète.

La fabrication de la bière serait, en effet, d'après ce seul aperçu, une chose bien simple, si, comme on le pense généralement, il ne s'agissait que de faire infuser ou bouillir, plus ou moins long-temps, de la drèche ou du malt, en remuant bien; d'y ajouter une certaine quantité de houblon; et, après avoir laissé refroidir et mis la levure nécessaire, d'abandonner le tout à soi-même dans une cuve, pour obtenir une boisson qui aurait les qualités requises et qui pourrait se conserver. Il est vrai que probablement cela suffirait, si le lieu et la nature de l'air, si la matière et les vaisseaux étaient toujours les mêmes, si enfin les liqueurs extraites du malt étaient également chargées et devaient toujours être employées à la même époque et au même usage.

Mais, comme il n'en est pas ainsi, et qu'au contraire tout cela est soumis à bien des variations, il faut que toutes les opérations soient faites à des températures bien déterminées et de manière à offrir des résultats certains.

Un brasseur instruit doit donc avoir une méthode de travail qui puisse s'appliquer à chaque circonstance particulière. Il doit d'abord considérer la saison dans laquelle il opère et reconnaître la température; il veillera ensuite à ce que le malt soit convenablement moulu; et, comme la différence des boissons dépend, en grande partie, de la manière de brasser ou de faire les infusions, il devra prendre en considération tout ce qui peut y avoir rapport. Le houblon, dont on fait usage dans la fabrication de la bière, est un objet trop important pour qu'on puisse l'employer sans en connaître parfaitement la qualité et les propriétés.

Le brasseur doit faire, en outre, attention aux divers degrés de force de l'infusion ou de l'ébullition, eu égard à la saison, à la température, à l'évaporation, soit pour remplacer la déperdition qui pourrait avoir lieu en raison des différens degrés de chaleur, soit pour verser de l'eau froide lorsqu'il s'agit de prévenir ou arrêter l'ébullition. Il s'occupera aussi des moyens de faciliter la dissolution des substances extractives, et de s'assurer du moment où la liqueur en est suffisamment chargée; il devra verser la liqueur dans cet état dans des vaisseaux peu profonds, afin qu'elle présente le plus de surface possible à l'influence de l'air, pour opérer un prompt refroidissement.

L'objet qui doit surtout fixer toute l'attention du brasseur est l'important procédé de la fermentation, qu'il faut non seulement établir avec la proportion de levure nécessaire, mais encore savoir augmenter, diminuer ou arrêter à volonté, lorsque tous les principes qui constituent une liqueur spiritueuse sont suffisamment développés.

Mais, ce serait en vain qu'on aurait pris en considération toutes ces différentes circonstances, qu'on aurait convenablement choisi les ingrédiens nécessaires pour la composition de la bière, et qu'on aurait opéré avec habileté et exactitude, si les vaisseaux qui servent à la fabriquer, ou les tonneaux dans lesquels on la met, sont altérés, par tel accident que ce puisse être, qui leur ait fait contracter un goût d'aigreur ou de moisissure, goût qui se communiquera nécessairement à la bière; et, dans ce cas, elle serait perdue sans ressource, car on n'a trouvé, jusqu'à présent, aucun moyen de rétablir les bières infectées de ces mauvaises qualités. Il est donc de la plus grande conséquence de prévenir ces accidens, tant en veillant à la propreté des vaisseaux destinés à la fabrication, qu'en n'employant que des tonneaux de la plus grande pureté.

Quant aux vaisseaux de la brasserie, comme ils sont nécessairement ouverts et ainsi exposés à se salir, la poussière jointe aux sédimens qui peuvent y être restés, les gâte quelquefois au point que ni le balayage, ni l'eau, ni même les lessives ne peuvent suffire pour les nettoyer parfaitement. Il faut donc avoir soin de les nettoyer exactement après qu'on s'en est servi, et même avant de s'en servir une autre fois; on ne doit employer, pour remplir cet objet, ni savon ni aucun corps gras qui pourrait nuire à la fermentation; on doit éviter, par la même raison, toute forte lessive alcaline; mais on peut faire usage, sans craindre qu'il en résulte aucun mauvais effet, de l'eau de chaux, ou d'une dissolution de chaux vive, capable d'attaquer l'acide dont les vaisseaux peuvent être imprégnés, et qui s'y engendre facilement lorsque l'air chaud y a un libre accès, ce qui influe sur la fermentation, de manière à en dénaturer le produit au point qu'il ne sera que du vinaigre et non de la bière. Il faut veiller aussi, avec un soin particulier, à ce qu'aucun levain corrompu ou putréfié, qu'aucun restant des matières qui ont fermenté précédemment ne se trouve placé dans l'atelier aux envi-

rons de ces vaisseaux, auxquels ces objets com-
muniqueraient par leurs émanations un goût in-
fect, qu'on ne pourrait parfaitement détruire
qu'avec beaucoup de difficulté.

Le goût d'aigreur ou de moisissure contracté
par les tonneaux n'est pas sans remède, lorsqu'on
prévoit ces accidens et qu'on s'en aperçoit avant
d'y verser la bière. La saleté des tonneaux résulte le plus ordinairement de la négligence à
les nettoyer, lorsqu'on en a tiré la bière ; une
substance visqueuse s'attache aux douves, en
remplit les vides inégaux, et cette matière acqué-
rant de la dureté par la sécheresse et la chaleur
de l'air, lorsqu'on a laissé, selon la coutume, les
bondons ouverts, cette incrustation ne peut être
détruite par l'eau bouillante ou tout autre liquide.

Lorsque les tonneaux sont ainsi gâtés, on a
recours à deux moyens pour y rémédier : le premier résulte, quoiqu'il ne réussisse pas toujours,
du laps de temps ; le second consiste à faire
éteindre dans ces tonneaux de la chaux vive, qui
peut dissoudre cette incrustation, si l'on y ajoute
surtout une lessive chaude de cendres.

Si ce lavage ne réussit pas, et que les tonneaux,
après être restés pendant vingt-quatre heures,

retiennent toujours leur mauvaise odeur, le dernier expédient auquel on puisse avoir recours est celui de ratisser l'intérieur des tonneaux, en faisant consumer ce qui n'aura pu être enlevé avec des copeaux de bois de sapin qu'on y fera brûler.

Mais il est facile de s'épargner tout cet embarras, en s'astreignant à ne pas négliger le soin de nettoyer les tonneaux avec de l'eau chaude aussitôt après les avoir vidés, et en les bouchant lorsqu'ils sont entièrement refroidis, parce qu'on les préserve ainsi des effets de l'air et de la poussière. Mais si l'on hasardait de les remplir de bière lorsqu'ils sont gâtés, elle s'aigrirait en moins de huit jours, et acquerrait même une saveur si désagréable, qu'il serait impossible d'en tirer, par une nouvelle fermentation, un vinaigre passable.

Lorsqu'on destine des tonneaux à contenir de la bière, il ne suffit pas de les laver, et même de les échauder une fois, il faut répéter cette opération à plusieurs reprises, si l'on est dans l'intention de garder la bière un peu de temps. Quelques personnes sont dans l'usage de frotter les tonneaux avec du houblon sortant du moût, et de les rincer ensuite ; on les fait après cela sécher à l'air, puis on prnnd un morceau de grosse toile qu'on trempe dans du souffre fondu ; on y met le feu à un bout, et on le fait entrer dans le bondon après y avoir attaché quelques graines de coriandre. On laisse brûler cette mèche dans le tonneau, en y retenant, autant que possible, la vapeur sulfureuse renfermée, au moyen du soin qu'on a de tenir le bondon lâche tant que la mèche brûle, et de le laisser bouché pendant quelque temps après qu'elle est éteinte.

Cette méthode a l'avantage de prévenir la tendance naturelle que les bières ont à l'acescence, parce que la vapeur sulfureuse s'oppose à la fermentation, mais elle a l'inconvénient de communiquer un goût et une odeur sulfureuse désagréables. Il vaudrait peut-être mieux se borner à frotter les tonneaux avec du houblon et les faire sécher à l'air; on les frotterait ensuite avec de l'eau-de-vie, ou même on y ferait brûler de l'esprit-de-vin, on parviendrait ainsi au même but sans éprouver d'inconvénient.

Les tonneaux qu'on emploie pour contenir la bière sont, ou vieux, c'est-à-dire qu'ils en ont déjà contenus, ou ils sont neufs ; dans ce dernier cas, ce n'est qu'à la longue et avec peine qu'on

parvient à leur faire perdre entièrement le goût
du bois et sa saveur désagréable ; s'ils sont vieux,
ils ont rarement la propriété requise pour conserver la bière en bon état ; dans l'un et l'autre
cas, ils peuvent gâter la liqueur et lui fair contracter quelque mauvais goût. Mais les tonneaux
qui ont contenu du vin, et surtout du vin blanc,
ne sont pas sujets à ces inconvéniens. Leurs cer-
ceaux sont serrés également, et ils sont imprégnés
d'un esprit acide et spiritueux qui donne tout à
la fois du feu et du montant à la liqueur qu'on y
met. Les tonneaux qui ont contenu des vins
d'Espagne sont les meilleurs ; mais, en général,
ceux qui ont contenu du vin doivent être pré-
férés à ceux qui ont contenu de la bière.

Le choix d'une cave ou d'un cellier propres
par leur construction et leur exposition à conserver les tonneaux et maintenir la bière en bon
état est également un objet à prendre en considération. Les cuves et celliers doivent être, en
général, à l'abri des intempéries de l'air, et
quoique, ordinairement, toutes les caves soient
plus chaudes en hiver, et plus fraîches en été,
celles où ces différences sont le plus marquées,
sont les meilleures, puisque leur température est

plus égale. Il y a des endroits où l'on a l'avantage d'avoir des caves creusées dans le roc; comme la même température y règne toujours, une bière bien faite peut s'y conserver pendant plusieurs années; mais à défaut de caves creusées dans le roc, on préfère les caves artificielles voûtées, en observant, cependant, qu'elles ne soient pas placées sous la voie publique ou sous une basse-cour; dans le premier cas, l'ébranlement du terrain, causé par le passage des voitures, agiterait et troublerait la bière; dans le second cas, l'humidité pénétrerait au travers de la voûte, et se communiquerait à la cave, qui, pour être bonne, doit être très sèche.

Il n'est guère possible de conserver long-temps la bière dans les celliers ordinaires; elle y est trop sujette à y être troublée et altérée dans les temps orageux. On a imaginé plusieurs moyens de procurer à ces celliers une température à peu près égale, soit en bouchant les soupiraux avec du foin pour y concentrer la chaleur, soit en y faisant passer le tuyau d'un poêle dans le temps de gelée; mais ces moyens sont inefficaces, parce qu'on ne peut pas les employer avec la précision nécessaire pour procurer aux celliers une tempé-

rature égale en tout temps. On doit donc préférer
aux celliers, lorsqu'on veut conserver la bière,
les caves voûtées qui ne sont point sujettes aux
inconvéniens auxquels on a voulu chercher à remédier; mais dans quelques celliers que soient
placées les bières, on doit les y laisser à demeure
jusqu'à ce qu'on les tire du tonneau; il y a du
danger à les transporter d'un endroit dans un
autre, parce que cela occasionne le mélange de
la lie avec la liqueur, et lui communique un très
mauvais goût. Les bières pâles, ainsi remuées,
perdent toute leur vigueur.

Ici, M. Le Pileur d'Appligny indique, comme
ayant été éprouvée avec succès, une méthode
particulière pour obtenir dans toutes les saisons
de l'année une très bonne bière, en employant
la levure. Le procédé est pour tirer au moyen de
trois mélanges ou infusions successives, trois
muids de bière, savoir : deux muids de bière
forte et un muid de bière de table; il suppose
qu'on a tous les ustensiles convenables, et que
la drèche ainsi que le houblon qu'on emploie sont
de la meilleure qualité.

La drèche doit être de l'espèce la plus pâle,
comme ayant été séchée à un feu lent et modéré.

Il en faut vingt-quatre boisseaux pour les trois infusions, qui doivent rendre trois muids de bière. On commencera par en mettre vingt boisseaux dans la cuve pour la première infusion.

On fera chauffer l'eau dans la chaudière jusqu'à ce qu'elle ait acquis une chaleur de 65 à 70 degrés du thermomètre de Réaumur, plus ou moins entre ces degrés, suivant la saison où l'on est.

Lorsqu'on veut s'assurer parfaitement si l'on a donné à l'eau la chaleur nécessaire pour extraire les principes fermentescibles de la drèche, on peut employer un moyen bien simple qui épargne du temps, et empêche que la drèche ne se forme en grumeaux. Ce moyen consiste à verser d'abord sur la drèche une certaine quantité d'eau froide, a bien remuer ce mélange afin d'en former une pâte bien liée, et ajouter ensuite une plus grande quantité d'eau à l'état d'ébullition. On peut trouver ainsi très promptement et avec le plus grand degré d'exactitude le degré de chaleur convenable, parce que la chaleur de l'eau bouillante est une mesure fixe sur laquelle on peut se régler pour l'amener au point de chaleur que l'on désire, en y ajoutant plus ou moins d'eau froide, et en ayant égard, comme il a déjà été observé, à la saison où l'on opère, et à la température actuelle de l'air.

L'eau étant versée dans la cuve s'élève en forme de bulles par les trous du faux fond jusqu'à la surface de la drèche; il faut alors.l'agiter avec des rames pendant une demi-heure, et si cela ne suffit pas pour opérer un parfait mélange, on remue encore avec des rables pendant le même espace de temps, ou même une heure s'il est nécessaire. On laisse ensuite reposer la liqueur pendant une heure et demie, ou jusqu'à ce que l'on voie des flocons blancs se déposer au fond de la cuve, et l'infusion commence à s'éclaircir. On fait alors couler la liqueur dans le récipient, après avoir mis dans la cuve deux livres de houblon renfermé dans un sac ou dans un filet. On peut même le mettre sans le renfermer, si l'orifice de la cuve par où l'eau s'écoule est garni d'une grille; l'objet de cette précaution étant seulement de retenir le houblon, afin que la liqueur passe claire dans le récipient. L'addition de ce houblon a pour but d'empêcher l'acide de se développer et de dominer dans la liqueur; ce qui, sans cela, pourrait arriver, surtout lorsque

l'air est chaud, car la liqueur tend alors à l'acescence, et il est bien difficile de remédier à cet
accident.

Il faut mettre ensuite dans la cuve deux boisseaux de nouvelle drèche, et traiter la seconde
infusion de même que la première, à l'exception
qu'il ne faut mettre que 350 pintes d'eau, parce
que le premier marc est déjà imbibé, que cette
eau doit être un peu plus chaude, qu'il suffit de
brasser pendant une heure et de laisser reposer
le même espace de temps.

Pendant que la seconde infusion repose, on
verse la première du récipient dans la chaudière.

Dans la pratique ordinaire, il ne peut y avoir
de règle qui fixe d'une manière précise le temps
que l'on doit faire bouillir les moûts. Le brasseur
ne peut être guidé à cet égard que par son intel-
ligence et son expérience ; mais comme on n'a pas
besoin de faire bouillir plus d'une demi-heure les
moûts d'une bière formée d'une drèche pâle, et
que l'on destine à être gardée un an, c'est un
espace de temps convenable dans la méthode
dont il s'agit.

Il a été déjà dit que la quantité de houblon
qu'on doit employer dépend, en général, de sa

bonne qualité, de la quantité de drèche et du temps qu'on a l'intention de garder la bière. Dans la pratique ordinaire, la quantité du houblon est fixée à six livres et demie pour huit boisseaux de drèche, lorsque la bière doit être gardée une année; ainsi comme on a employé dans le cas présent 22 boisseaux de drèche, 17 livres 4 onces suffiront pour les deux muids de bière forte; mais comme on en a pris deux livres pour couler les deux infusions, il suffit d'employer 15 livres 14 onces, dont on formera une infusion par décoction.

Il n'est pas possible de déterminer exactement le degré de force qu'on doit donner à cette infusion, parce qu'on n'en peut juger que par la dégustation, et que le degré de force est atteint plus tôt ou plus tard, suivant que la décoction est plus ou moins accélérée, il est seulement à observer qu'un degré modéré de chaleur soutenu également produira une infusion de houblon plus délicate, au lieu qu'une chaleur trop vive lui donne un goût désagréable, parce qu'elle fait dissoudre ses principes les plus grossiers. On peut donc juger facilement par la dégustation si la décoction est au point convenable, parce que dès le moment où elle commence à manifester une saveur dure et acétique il faut la retirer du feu.

On séparera cette décoction en deux portions, que l'on ajoutera à chacun des deux moûts quelques minutes avant de les verser dans les réfrigérans : on obtiendra par ce moyen une bière plus savoureuse et plus agréable que si l'on faisait bouillir le houblon, ou même sa décoction, dans le moût pendant un temps considérable, comme le font ordinairement les brasseurs.

Quant à la levure, lorsqu'on la choisit de bonne qualité, sa quantité dépend de l'état de l'air lorsqu'on opère ; sa température au mois d'octobre est de 8 à 10 degrés au-dessus de zéro. La quantité de levure alors nécessaire est de cinq pintes, ou un peu plus pour huit boisseaux de drèche, ce qui fait environ quatorze pintes pour les deux muids dont il s'agit. Il sera facile de calculer ce qu'il en faut dans d'autres températures.

Lorsque la bière dont on vient de décrire le procédé n'éprouve pas d'accidens occasionnés par des causes imprévues et indépendantes de la manipulation, accidens qui arrivent très rarement, la bière devient claire, et en état d'être bue vers le milieu de l'été, quelquefois beaucoup plus tôt, sans qu'on ait besoin de recourir à l'artifice pour l'éclaircir; elle n'est cependant pas assez claire pour pouvoir être mise en bouteilles avant le mois de septembre suivant.

Quant à la bière de table, pour laquelle on a réservé et laissé dans la cuve du mélange le marc des deux premières infusions, on ajoute dans cette cuve les deux boisseaux de drèche qui sont restés des vingt-quatre; on verse un muid d'eau par dessus, on brasse comme on l'a fait pour les deux premières infusions, et l'on met ensuite dans un sac ou filet, 1 livre 14 onces de houblon qui avait été pareillement mis en réserve. Le surplus de l'opération pour ce troisième muid est le même que pour les deux premiers de bière forte, excepté qu'une décoction de 4 livres de houblon suffit pour la bière de table, si l'on veut qu'elle soit claire et en état d'être bue. L'été suivant, on fera bouillir le moût une demi-heure, ou seulement un quart d'heure à volonté; dans ce dernier cas, elle sera en état d'être tirée au tonneau, ou mise en bouteilles au bout de six semaines.

Si la levure dont on fait usage provient d'une bière forte, il n'en faut que le tiers de la quantité qu'on a employée pour les infusions précédentes.

A la suite de ce procédé, M. Le Pileur d'Appligny en décrit un autre pour obtenir une bière tempérée qui réunisse l'agrément et la salubrité étant bue aux repas.

La quantité d'eau qu'on emploie ordinairement pour les bières faibles est de deux muids et demi sur huit boisseaux de drèche; mais dans ce cas la bière est trop délayée, et l'on pourra se borner à celle de deux muids.

La drèche la plus convenable pour cette espèce de bière est celle qui a été séchée à une chaleur douce et graduée.

En adoptant la proportion de deux muids d'eau pour huit boisseaux de drèche, il faut faire deux infusions; et comme il convient de garder cette bière six mois, ou même davantage avant de la tirer, la manipulation doit être la même que celle du précédent procédé, excepté que, comme l'acidité est moins disposée à dominer dans la liqueur, il faut un peu plus de levure ou autre ferment pour y exciter la fermentation.

Dans le procédé de la bière forte, on fait couler l'infusion au travers de deux livres de houblon qu'on a réservé de la décoction; une levure suffit pour cette bière-ci, parce que, comme elle est beaucoup plus trempée, elle n'a pas autant de disposition à fermenter et à s'aigrir; lorsqu'on désire avoir une bonne bière de table, on forme le moût d'une seule infusion; la liqueur est alors plus agréable et plus spiritueuse, et elle acquiert d'elle-même la transparence beaucoup plus tôt; dans l'un et l'autre cas on se garde bien de battre la levure.

Il doit rester, à la vérité, dans le marc de la drèche des principes qu'une seule infusion n'a pu extraire; mais la perte de ce restant, qui ne peut consister que dans les parties les plus grossières, mérite bien peu d'être pris en considération.

En parlant ensuite d'une aile que l'on peut faire avec l'avoine, M. Le Pileur d'Appligny fait observer que la simplicité du procédé par lequel on l'obtient, donne lieu de conjecturer que cette boisson est fort ancienne; que c'est la même que celle dont les anciens Bretons faisaient usage dans leurs jours de fêtes, et dont César fait mention dans ses Commentaires. Elle est aussi de la même nature que celle que les Indiens tirent de leur maïs dans quelques cantons de l'Amérique.

L'avoine est, sans contredit, l'espèce de grains le plus faible que l'on emploie pour faire de la bière. On doit choisir celle dont le grain est petit et court, parce qu'il est mieux nourri, qu'il a l'écorce plus tendre, et rend plus de farine que le grain long. On traite ce grain, pour le convertir en drèche, de la même manière que l'orge la plus pâle. On trouve de l'avantage à l'exposer à l'air pendant deux ou trois jours après qu'il a été moulu ; il devient ainsi plus disposé à s'attendrir, et il se développe plus facilement dans l'infusion. Il faut huit boisseaux de cette drèche pour produire un muid de bière : ainsi l'on doit employer quatre cents pintes d'eau pour fournir à la quantité que cette drèche absorbe et retient. L'usage est d'employer cette eau froide, parce qu'on n'a l'intention que d'extraire les principes sucrés et spiritueux, et non pas les matières huileuses et grossières ; mais on laisse tremper la drèche pendant vingt-quatre heures.

On verse cette eau froide pardessus la drèche dans une cuve à double fond, comme dans les autres procédés ; mais on ne brasse le mélange qu'à différens intervalles, et on le laisse reposer pendant quatre heures au moins, afin que l'eau puisse extraire complétement les principes fermentescibles.

Comme l'été, et même tout le temps de l'année compris entre les mois de mars et septembre, est la saison la plus propre à fabriquer cette espèce de bière, la chaleur naturelle de la drêche, aidée de celle de l'air, doit communiquer à l'infusion une température suffisante pour s'imprégner des principes les plus déliés, et les disposer à la fermentation sans le secours du feu; dans cette intention, on concentre autant que possible cette chaleur naturelle, en tenant la cuve du mélange parfaitement close et couverte. Cette précaution produit d'autant plus d'effet que, comme l'on ne tire qu'une seule infusion de la drèche, elle est d'autant plus chargée de principes qu'elle ne perd rien de sa chaleur; elle empêche encore que la liqueur n'acquière un goût de pâte qui l'affaiblirait.

Lorsque l'infusion est parfaitement reposée, on peut la couler dans le récipient, en la faisant passer au travers d'une décoction de deux livres de houblon bien choisi. Cependant on peut s'en dispenser, parce qu'il n'y a pas lieu de craindre que le moût se corrompe ou s'aigrisse, comme cela peut arriver lorsqu'on fait emploi d'une drèche de mauvaise qualité, ou lorsqu'on force les infusions; cas auxquels le houblon est nécessaire pour prévenir une fermentation trop hâtive.

L'aile d'avoine éprouve naturellement la fermentation; mais, si l'on ajoute du houblon au moût, il sera nécessaire d'en aider l'action par une pinte de levure ou environ; on en mettra les trois quarts dans la cuve, et le restant dans les tonneaux.

Cette aile s'éclaircit d'elle-même au bout de quinze jours, plus ou moins, selon la température de l'air et celle du cellier; on peut alors la tirer au tonneau, ou la mettre en bouteilles à volonté.

Les qualités qui caractérisent en général une bonne bière, sont un montant agréable, une saveur uniforme et la transparence. Lorsqu'une bière pèche par cette dernière qualité, le montant qu'elle a est toujours défectueux; et, si le temps ou l'art lui restitue la transparence, elle reprend ordinairement en même temps l'égalité de saveur qu'elle avait perdue.

Les altérations que les bières éprouvent, dont

f

l'effet est de leur donner un mauvais aspect, une odeur ou une saveur désagréable, ce qui les empêche d'être potables, semblent provenir, au moins les principales, de la perte de la transparence.

Les brasseurs distinguent cinq sortes d'altérations de bières, qu'ils expriment par les dénominations de bières revêches, bières grises, bières troubles ou nébuleuses, bières aigres et bières plates ou passées. Lorsque les brasseurs ne peuvent parvenir à éclaircir les bières par les moyens ordinaires dont il a été parlé, ils les nomment *revêches*, et ont recours à d'autres moyens qu'ils croient capables d'atténuer les huiles grossières qui s'opposent à la clarification. Ils mêlent huit livres de talc avec de la vieille bière, et versent ce mélange dans un muid de celle qu'ils veulent clarifier. Si ce mélange n'opère pas après avoir répété plusieurs fois, ils ajoutent six onces d'huile de vitriol; si la bière ne se clarifie pas encore, ils portent l'addition de l'huile de vitriol à huit onces.

Lorsque tout cela ne suffit pas, la bière passe à un état pire que le premier; les huiles grossières qui y étaient auparavant suspendues, nagent à sa surface : les brasseurs l'appellent alors *bière grise*. Dans l'espoir d'atténuer ces huiles, ils vont jusqu'à tripler la quantité de talc, et augmentent jusqu'à douze onces la quantité d'huile de vitriol ; ils y ajoutent aussi une portion d'eau-forte.

Lorsque les bières sont devenues louches et opaques, au point d'intercepter entièrement le passage des rayons de lumière, les brasseurs les appellent *nébuleuses ;* mais, comme ils n'ont pu jusqu'à présent trouver aucun moyen de remédier à cette espèce d'altération des bières, ils cherchent à les masquer, en y mettant de la mélasse, réduite en caramel, pour les colorer ; mais cette addition leur donne nécessairement un coup d'œil très désagréable. Il est bon, au surplus, de faire observer que toutes les bières ne sont pas sujettes aux diverses altérations qu'on vient de signaler ; et qu'en général ces altérations ne sont jamais causées que par une mauvaise manipulation.

Il arrive quelquefois que les bières perdent leur force ; et, dans ce cas, on les dit *plates* ou *éventées ;* mais, comme il est probable que cette altération provient de ce que la bière n'a pas

éprouvé une fermentation suffisante, tant dans
la cuve que dans les tonneaux, on rétablit facilement ces bières, en les faisant fermenter de
nouveau.

Il est une autre altération que les bières peuvent éprouver, c'est l'acescence; c'est-à-dire
qu'elles s'aigrissent lorsqu'on n'a pas employé
une quantité suffisante de houblon, ou lorsqu'avec le temps sa vertu s'épuise, et que le
principe acide domine; lorsque les bières sont
trop long-temps gardées, ou lorsque la température de l'air est très chaude, et que sa chaleur
pénètre dans les celliers.

Quelques brasseurs emploient, pour rétablir
ces bières, des coquilles d'huîtres calcinées et
du sel d'absinthe, de la chaux vive et du sel
de tartre, du gingembre, et autres drogues dont
quelques unes peuvent les raccommoder jusqu'à
un certain point, en absorbant l'acide dominant;
mais ces drogues altèrent nécessairement la saveur naturelle des bières, et elles les rendent
amères. D'ailleurs ces bières reprennent en très
peu de temps leur acidité.

Il a été observé précédemment que les bières
pâles se clarifiaient d'elles-mêmes; mais que les

bières brunes avaient besoin d'artifice pour devenir claires ; ce qu'on ne peut attribuer, suivant M. Le Pileur d'Appligny, qu'à la forte chaleur que la drèche a éprouvée lorsqu'on la faisait sécher et même rissoler, et à la pratique vicieuse de faire bouillir fortement le houblon avec la drèche ; ce qui fait que les huiles grossières de l'une et de l'autre, suspendues dans la bière sans être incorporées avec elle, leur donnent les qualités qui les font nommer, ainsi qu'il a déjà été dit, par les brasseurs, *revêches, grises* et *nébuleuses.* Les bières pâles ou ombrées ne sont pas sujettes à ces altérations, parce que la drèche qui les produit a été séchée à une chaleur plus modérée que celle qu'on emploie pour fabriquer les bières brunes, et qu'on n'a pas fait bouillir le houblon comme pour ces dernières.

Les brasseurs conviennent que les bières qui éprouvent ces trois altérations, ont besoin d'un très puissant atténuant qui puisse disposer ces huiles à être incorporées avec la liqueur. Ils emploient en conséquence l'huile de vitriol et l'eau-forte ; ils ne réussissent pas toujours, malgré la force de ces acides, à rétablir les deux premières altérations : quant à la troisième, celle qu'ils nomment *nébuleuse*, ils la regardent comme ne pouvant y être apporté de remède; mais M. Le Pileur d'Appligny, considérant que ces trois altérations ont la même source, qu'elles ne sont dues qu'à l'emploi d'une drèche séchée à un trop grand feu, et au houblon trop fortement bouilli, on doit s'occuper des moyens de ramener les bières au même état où se trouve naturellement une bière fabriquée avec une drèche séchée à un feu modéré, et avec du houblon dont on n'a pas extrait les principes avec trop de violence. Or cela ne peut s'effectuer qu'en leur faisant subir une nouvelle fermentation, dont l'action graduée puisse opérer la combinaison des principes vineux, en précipitant les matières hétérogènes; mais une condition essentielle pour rendre cette fermentation utile, est celle de choisir un ferment convenable; et, quant à la propriété qu'on a prétendu qu'avaient tous les acides pour exciter la fermentation, l'expérience nous apprend que, moins les acides végétaux contiennent d'huile, plus ils excitent dans les liqueurs la fermentation acide, et qu'au contraire, plus ils contiennent d'huile, plus ils favorisent la fermentation spiritueuse.

Le levain des boulangers et la levure de bière sont peut-être ceux de tous les acides végétaux qui contiennent le moins d'huile, et qui, d'après cela, soient les plus propres à produire du vinaigre, au lieu d'une boisson vineuse, si leur acidité n'était pas corrigée par le houblon.

Quoique les bières pâles s'éclaircissent d'elles-mêmes, sans qu'on ait recours à aucun moyen artificiel, elles éprouvent quelquefois, par le laps de temps, ou par quelque accident, les deux dernières altérations, c'est-à-dire qu'elles peuvent devenir aigres ou plates. De tous les moyens que les brasseurs peuvent employer pour les rétablir, il n'en est pas de plus convenable que celui de mêler à ces bières une décoction de houblon qui absorbe l'acide dominant, et ne leur communique aucune autre saveur que celle qu'elles ont ordinairement; c'est le meilleur remède auquel on puisse avoir recours. On ne peut prescrire la quantité de houblon à employer, parce qu'elle dépend du degré d'aigreur de la bière; l'expérience seule peut la fixer.

Lorsque les bières sont devenues plates, quelques brasseurs emploient, pour les ranimer, de

la coque de levant, du gingembre, de la graine
de paradis, et autres drogues semblables qui
peuvent produire quelque effet en vertu de leur
qualité aromatique, mais qui ne sont pas capables de donner aux bières une qualité vineuse.
D'autres brasseurs y ajoutent, avec raison, un
sirop de mélasse, qui cependant ne peut être
d'aucune utilité, à moins qu'on ne fasse éprouver à ces bières une nouvelle fermentation.
D'ailleurs la mélasse doit communiquer aux
bières une saveur désagréable. On réussirait
mieux sans doute en faisant fermenter les bières
avec du sucre, si cet expédient n'était pas trop
coûteux.

On parvient très facilement à rétablir les
bières plates, en employant, pour les mettre
en fermentation, des lies de vin fraîches ; et,
lorsqu'on n'en a pas, on peut mélanger les
bières avec une qui ait par elle-même beaucoup
de vivacité, telle, par exemple, que celle connue sous le nom d'*aile blanche de Flandre*.

Cette aile se fabrique avec une drèche pâle
et légèrement séchée ; on n'y ajoute ni houblon,
ni aucun autre préservatif, parce qu'elle est
destinée à être bue aussitôt qu'elle est faite ;

la fermentation se rétablit sans le secours de la levure, de la manière suivante.

Lorsque l'infusion est tirée et versée dans le récipient, on prend une certaine quantité de farine de froment, de drèche ou de haricots ; on forme une pâte avec l'une ou l'autre de ces farines, n'importe laquelle, et des blancs d'œufs. Cette pâte, ajoutée au moût, y excite la fermentation, qui se manifeste par une légère écume blanche ; cette écume n'est pas plus tôt abaissée que la liqueur a suffisamment fermenté. Elle est alors en état d'être bue, quoiqu'elle ne soit pas claire. On n'attend même pas qu'elle le devienne, parce qu'elle s'aigrirait. Elle est vive et pétillante, et très agréable à boire.

On ne fait pas fermenter cette bière comme les autres dans des tonneaux, et l'on n'emploie pas non plus des cuves ; mais, comme elle exige une grande propreté, à raison de sa disposition à l'acescence, l'usage est de la verser immédiatement du récipient dans des jattes de terre vernissées ; c'est là qu'on la fait fermenter, et on l'en tire à mesure qu'on en a besoin.

Cette aile convient parfaitement pour donner du feu et de la vivacité aux bières qui en manquent; et cela est très facile à faire en telle quantité que l'on veut. Il en faut davantage pour exciter la fermentation dans les bières anciennes que dans les bières nouvelles; et, en général, la quantité se détermine au goût. Lorsque cette aile est ainsi mélangée, elle n'est plus sujette à s'aigrir comme auparavant, à cause du houblon qu'on a mis dans la bière avec laquelle cette aile a fermenté : elle est d'ailleurs très salubre; les femmes de la Flandre en boivent sans ménagement, et jouissent d'une santé et d'un embonpoint qu'on voit rarement ailleurs. La bonté de cette aile et la manière dont elle est fabriquée prouvent d'une manière sensible que le houblon, la levure et la pratique de faire bouillir les moûts ne sont pas d'un emploi et d'un usage essentiels pour faire de bonne bière.

M. Le Pileur d'Appligny termine ses instructions sur l'art de faire la bière, par l'examen critique de la manipulation des brasseurs; et d'abord, quant à l'eau que les brasseurs emploient, il fait observer que, puisqu'ils ont jugé, vérité qui a été confirmée par l'expérience, que l'eau destinée à extraire les principes fermentescibles de la drèche doit avoir soixante-huit degrés Réaumur de chaleur, c'est pour eux une recherche aussi inutile que pénible que celle d'un degré précis de chaleur, puisque, pourvu que cette chaleur ne soit pas plus forte que celle de soixante-huit degrés, l'eau pourra être employée pour extraire telle espèce de drèche que ce soit, quand même cette chaleur serait moindre de cinq ou six degrés.

Les brasseurs qui croient donner plus de corps à leur bière, et qui craignent de perdre la moindre portion des principes de la drèche, sont dans l'usage d'agiter ou brasser leur mélange ou infusion long-temps et avec violence; mais il est un juste milieu à observer dans cette opération : si l'on n'agite pas suffisamment pour bien diviser la drèche, elle peut se former en grumeaux et se séparer du liquide; si, au contraire, on pousse trop loin cette agitation, l'eau, après s'être chargée des principes sucrés, devient capable de dissoudre la matière glutineuse du grain, qui, ne contenant aucun principe vineux, rend nécessairement la bière visqueuse, pesante et indigeste. L'objet de l'agitation de l'infusion est de faciliter le contact

immédiat de l'eau avec les parties les plus solubles de la drèche ; on doit la répéter jusqu'à
ce que tous les principes sucrés soient extraits.
Lorsque l'eau est autant saturée de ces principes
qu'elle peut l'être, il faut la laisser reposer ;
une demi-heure d'agitation suffit ordinairement :
mais il faut laisser reposer l'infusion pendant
au moins une heure.

Tous les brasseurs sont dans l'usage de faire
bouillir fortement leurs moûts avec le houblon.
C'est cette pratique qui, suivant que M. Le
Pileur d'Appligny a eu lieu de l'observer,
donne naissance aux trois principales altérations que leurs bières éprouvent, et auxquelles
les bières pâles ne sont pas sujettes, lorsqu'on
ne fait pas bouillir les moûts ni le houblon.
Il a été reconnu par expérience que, lorsqu'on
fait bouillir les moûts de bière, on les prive
de leur propriété fermentescible, à proportion
de la force et du temps de l'ébullition qu'on
leur fait subir ; et que, pour leur rendre cette
propriété, on est obligé d'y ajouter ensuite
une plus grande quantité de levure. La bière
éprouve, par cette addition, la fermentation
de la même manière que si elle n'avait pas

bouilli. Mais lui fait-elle recouvrer les principes spiritueux que la bière a perdus par l'évaporation ? C'est ce qui semble impossible. Il faudrait, en effet, supposer alors qu'en faisant bouillir les moûts, cette ébullition est nécessaire pour diviser et atténuer les principes fermentescibles de la drèche, et que la fermentation ne pourrait effectuer cette atténuation, si elle n'avait été précédée de l'ébullition ; mais cette supposition est démentie par l'expérience.

Quelques brasseurs prétendent que la pratique de faire bouillir le houblon étant nécessaire pour en extraire, suivant eux, les principes résineux, on est également obligé de faire bouillir le moût pour incorporer ses principes avec ceux du houblon.

Le houblon a, suivant M. Le Pileur d'Appligny, deux qualités distinctes ; l'une qui se manifeste par une saveur aromatique, onctueuse et legèrement amère ; l'autre par un goût âpre e t austère. Ce végétal a cela ce commun avec beau coup d'autres, tels que le thé, la rhubarbe, et c., dont on obtient des qualités très différentes, uivant le degré de chaleur que l'on emploie p our en former des extraits ; mais la qualité aus tère

g

qu'acquiert le houblon par une forte ébullition, communique à la bière son âcreté, et ne sert point pour sa conservation. La meilleure méthode pour extraire du houblon ce qu'il contient d'avantageux et d'agréable, consiste donc à le faire infuser dans l'eau à une chaleur égale et modérée, pendant trois heures, ou même davantage.

L'infusion du houblon, faite à part, peut encore avoir un autre avantage que celui de rendre la bière plus agréable. On sait que son emploi a pour objet de modérer la disposition fermentescible du moût de bière, afin d'éviter l'acescence ; mais, si la faculté fermentescible est déjà de beaucoup diminuée par l'ébullition du moût, le houblon qu'on fait bouillir avec lui achève encore de détruire cette faculté, ce qui oblige d'ajouter à la liqueur, pour exciter la fermentation, une plus grande quantité de levure que celle qu'on aurait employée, si l'on n'avait fait bouillir le moût et le houblon avec lui. Ainsi les brasseurs, par leur manière d'opérer, commencent par détruire la faculté fermentescible de leurs bières, pour la leur restituer ensuite par un ferment plus capable d'exciter la fermentation acide que la fermentation spiritueuse; de sorte qu'ils augmentent leur travail pour produire un très mauvais effet.

Les moûts de bière fermenteraient naturellement sans l'aide d'aucun ferment, si l'on ne détruisait pas leur propriété fermentescible, en les faisant bouillir et en y ajoutant du houblon qu'on fait bouillir en même temps; mais le plus mauvais ferment qu'on puisse employer, c'est la levure, parce qu'ainsi qu'on l'a déjà fait observer, elle établit plutôt la fermentation acide que la fermentation vineuse. Il est évident que si les moûts de bière ont, par eux-mêmes, de la disposition à la fermentation acide et y tendent sans le secours du houblon, cette disposition ne peut qu'être augmentée par la levure d'une bière ancienne; et que, plus les principes acides dominent, plus il faut de houblon. D'un autre côté, plus on fait bouillir, et moins les moûts sont disposés à la fermentation, ce qui nécessite alors une plus grande quantité de ferment : ainsi les brasseurs, par leur manipulation, détériorent leur bière en y ajoutant une trop grande quantité de houblon et de levure.

En présentant, dans cet Avant-propos, un extrait des instructions sur l'art de faire la bière par M. Le Pileur d'Appligny, notre intention a été de faire connaître, d'après un ouvrage estimé et jouissant d'une réputation justement méritée, toutes les manipulations de la fabrication de la bière, principalement par les brasseurs de France. Nous avons tâché de ne rien omettre des observations judicieuses et pouvant être utiles, de l'auteur, sur leurs diverses opérations, non plus qu'aucun des détails qui nous ont paru mériter quelque intérêt sur ce qui s'y rapporte. En faisant suivre cet extrait de la description des procédés de fabrication de la bière, tels qu'ils sont adoptés et mis en pratique à Londres, notre objet a été d'offrir ainsi réuni dans ce Manuel tout ce qu'il pouvait être de plus important à faire observer et ce qu'il y avait de plus intéressant à exposer, relativement à l'art du brasseur.

MANUEL

THÉORIQUE ET PRATIQUE

DU BRASSEUR,

ou

L'ART DE FAIRE TOUTES SORTES DE BIÈRE.

Le brasseur est celui qui fabrique la bière et en fait commerce. On a donné le nom de *bière* à une boisson résultant de la fermentation de graines céréales, qu'on a préalablement fait germer pour y développer le principe sucré.

L'art de préparer cette boisson, ou toute autre liqueur spiritueuse produite de la même manière, paraît avoir été connu et mis en pratique, dans des siècles reculés, parmi ceux des peuples qui habitaient des pays où la vigne n'avait pu être cultivée.

Hérodote attribue l'invention de cet art à Isis, femme d'Osiris. Les Égyptiens semblent être, en effet, les premiers qui le mirent en pratique, et

1

le transmirent ensuite aux nations méridionales
que fondèrent les colonies émigrantes de l'Orient.
La ville de Péluse, située sur l'une des embou-
chures du Nil, fut particulièrement renommée
pour sa fabrication de liqueurs de MALT. (On appelle
malt ou *drèche* de l'orge qu'on a fait germer pour
le rendre ainsi propre à la préparation de la bière.)

Tacite nous apprend que la bière fut très anciennement connue des nations du Nord, et que
cette liqueur était la boisson favorite des Anglo-
Saxons, des Danois, ainsi qu'elle l'avait été de
leurs ancêtres les Germains. Avant leur conversion au christianisme ces peuples étaient dans la
ferme croyance que l'une des principales félicités
dont jouissaient leurs héros, lorsqu'ils étaient
admis dans le palais d'Odin, consistait à boire
fréquemment et à larges doses des liqueurs de
malt fermentées.

Dès que l'agriculture fut introduite en Angleterre, on substitua les liqueurs de malt à l'hydro-
mel, et ces liqueurs devinrent la boisson généralement adoptée par les anciens Bretons.

Buchan parle aussi, dans son *Histoire d'Écosse*,
de l'usage de liqueur de malt à une époque très
reculée ; et il appelle cette liqueur *vinum ex fru-
gibus corruptis*.

Le célèbre et infortuné voyageur *Mungo Park*
enseigna aux nègres des contrées intérieures de

l'Afrique l'art de fabriquer la bière. Ils préparaient, à cet effet, les semences du *holcus spicatus*, à peu près de la même manière qu'on traite l'orge pour faire la bière ; et, suivant cet illustre voyageur, leur bière valait, quant à son goût, la meilleure liqueur de malt forte qu'il eût jamais bue dans son pays.

Il paraît cependant que toutes les anciennes liqueurs de malt se préparaient entièrement avec l'orge ou quelque autre graine farineuse ; et que, par conséquent, on ne les faisait pas pour être long-temps gardées ; leur conservation dépend en effet, en grande partie, ainsi qu'on l'a reconnu depuis, du principe amer du houblon, plante dont l'emploi, dans la fabrication de la bière, est d'une date moderne.

Puisque c'est d'après les anciens écrivains de l'époque où l'agriculture fut connue en Angleterre, que date la première fabrication dans ce pays des liqueurs de malt, on en doit conclure que l'art du brasseur s'y pratiquait depuis long-temps lorsqu'il se répandit en France, où la culture de la vigne ne fit pas également sentir le besoin de recourir à d'autres liqueurs spiritueuses. Par la même raison aussi, tous les procédés de cet art avaient pu être mis en usage et perfectionnés par l'expérience en Angleterre avant qu'il ne fût connu en France ; c'est donc naturellement par

l'exposé de ces procédés qu'il convient d'en traiter d'abord.

DE LA FABRICATION DE LA BIÈRE EN ANGLETERRE.

On peut considérer la bière comme du vin de
grain, car elle est le produit de la fermentation
du malt, comme le vin est celui de la fermentation du suc du raisin. Les liqueurs de malt se
distinguent néanmoins du vin par la plus grande
quantité de mucilage et de matière sucrée qu'elles
contiennent, qu'il n'y existe pas comme dans tous
les vins faits avec le suc du raisin de *surtartrate*
(*tartrate acide*) *de potasse*.

Les liqueurs de malt consistent principalement
en BIÈRE proprement dite, en AILE et en BIÈRE DE
TABLE ou petite bière.

Le PORTER, qu'à Londres on appelle communément *bière*, doit être décidemment considéré
comme la meilleure de toutes les liqueurs de malt.
Les procédés de sa préparation se réunissent tous
pour convertir la substance qui produit cette espèce de liqueur dans le liquide vineux le plus parfait qui puisse être obtenu du grain.

Dans un ouvrage anglais ayant pour titre : *Pic-
ture of London*, on lit, relativement à l'origine du
mot *porter*, ce qui suit :

« Avant 1722, les liqueurs de malt, alors généralement en usage, étaient l'aile, la bière et le *two-penny* (deux sous); et c'était la coutume parmi les buveurs de liqueur de malt, d'appeler *pint*, ou grand pot avec couvercle, la liqueur de moitié aile et moitié bière, de moitié bière et moitié two-penny. Dans la suite des temps, il devint aussi d'usage pratique d'appeler de même une liqueur en trois fils, c'est-à-dire composée d'un tiers aile, un tiers bière, et un tiers two-penny; et ainsi celui qui débitait cette liqueur, avait l'embarras de recourir à trois tonneaux pour en servir un pint ou grand pot. Ce fut pour éviter cette peine, et la rendre inutile, qu'un brasseur nommé Harwood conçut l'idée de préparer une liqueur qui participât à la fois du goût de l'aile, du goût de la bière et de celui du two-penny. Il y réussit et il l'appela entière, ou *butt* (1), voulant exprimer ainsi qu'elle était entièrement tirée d'un seul tonneau ou butt. Or cette liqueur saine et nourrissante fut trouvée très convenable pour les *porters (porteurs, portefaix)* et autres ouvriers manouvriers, et c'est de là qu'elle a tiré son nom de PORTER. »

L'AILE est une bière de consistance plus sirupeuse que le porter; elle contient une grande

—————————————————

(1) Le *butt* ou botte de bière est un espèce de tonneau, contenant 108 gallons, ce qui équivaut à environ 409 litres.

quantité de matière farineuse, non décomposée, et de mucilage sucré, ce qui lui donne une consistance visqueuse et une saveur douceâtre ; et, par conséquent aussi, elle se trouble par l'addition d'une forte dose d'alcool ; tandis que cet agent ne produit aucun effet sensible sur le porter.

Gallien, qui brillait à Rome sous le règne d'Antonin-le-Pieux, et Dioscoride, le favori de Marc-Antoine, eurent, l'un et l'autre, connaissance de l'aile.

Parmi les différentes sortes de boissons dont on s'était pourvu pour un banquet royal, sous le règne d'Édouard-le-Confesseur, il est spécialement fait mention de l'aile. Il y avait en Écosse, et dans le pays de Galles, deux espèces d'aile ; l'une appelée commune, et l'autre aile aromatique, et ces deux ailes étaient considérées parmi les habitans de ces pays, comme objets de grande sensualité. Il paraît que le vin n'était pas alors connu du roi de Galles.

LA PETITE BIÈRE, OU BIÈRE DE TABLE, est, comme son nom l'indique, une liqueur plus faible que l'aile, et contenant une plus grande proportion d'eau. On peut considérer une partie d'aile comme équivalant en force à deux parties de petite bière de Londres.

Mais quelque différentes que puissent être les liqueurs de malt, elles se ressemblent toutes par leurs propriétés générales, et par la manière dont lles se comportent dans les analyses chimiques ; lles contiennent, en effet, toutes un principe ommun identique ; l'alcool, ou l'esprit ; et c'est ce principe commun qu'on doit attribuer les ffets qu'elles produisent. Les liqueurs de malt ont ordinairement plus faibles que les vins, et plus ujettes, en général, à perdre de leur force et à 'aigrir, tant par cette circonstance qu'à raison e la portion de mucilage non décomposé et de ma- ière extractive sucrée qu'elles contiennent ; mais lles jouissent encore des mêmes propriétés géné- ales, et agissent de la même manière sur le sys- ème animal.

SUBSTANCES DONT ON FAIT USAGE DANS LA FABRICA- TION DE LA BIÈRE.

On y emploie plusieurs espèces de graines. En Angleterre, c'est le plus souvent l'orge ; en Amé- rique, il n'est pas rare de faire servir à la prépa- ration de la bière le blé de Turquie ou maïs, quelquefois même le riz ; et, dans l'intérieur de l'Afrique, on fait emploi, ainsi que nous l'avons déjà dit, du *holcus spicatus*.

Dans quelques parties septentrionales de l'Eu- rope, c'est avec un mélange de seigle et d'orge, et fréquemment avec du blé froment, que se prépare la bière ; mais, de tous les grains, celui qui fournit

les meileurs résultats est l'orge commune, parce
que sa germination est plus facile à conduire,
que sa matière farineuse se convertit plus promptement en matière sucrée, et en produit en plus
grande proportion que toute autre semence. En
Écosse, on emploie l'espèce d'orge appelée *beer*,
ou *big (hordeum hexaticon)*, plante beaucoup plus
vigoureuse que l'orge commune, et qui mûrit
mieux dans les latitudes septentrionales.

Les principaux ingrédiens dont l'emploi est essentiellement nécessaire dans la fabrication de la
bière, sont l'eau, le grain malté et le houblon. Les
lois anglaises ne permettent point aux brasseurs
d'y faire entrer aucune autre matière ; elles défendent même de colorer les liqueurs de malt avec du
caramel ou toute autre substance, qui ne pourrait
cependant nuire à la santé.

DU MALT, OU DRÈCHE, ET DE SA PRÉPARATION.

Un des procédés préliminaires de l'art du brasseur est la conversion de la partie farineuse du
grain en une espèce de matière sucrée. On sait que
l'orge et les autres graines céréales ayant été d'abord imprégnées d'une portion d'eau, et ensuite
exposées à une chaleur modérée, se gonflent et
éprouvent le mouvement intérieur qu'excite en elles
le développement du germe, qui tend à pointer

hors de ces semences. Si l'on examine l'orge à cette époque, on trouvera qu'elle a acquis une saveur sucrée ; et l'eau dans laquelle on la fait bouillir en extrait une véritable substance sucrée, qu'on peut ensuite obtenir par compression. Le grain, avant qu'il eût éprouvé cette altération, était insipide et simplement farineux ; mais lorsqu'il l'a trop subie, le brasseur arrête l'opération qui l'a amené à cet état ; il chauffe et dessèche, au moyen du feu, les graines germées ; et, quand elles sont bien sèches, il les broye afin d'en préparer alors une infusion, qui étant ensuite convenablement traitée, produit la bière. On a donné le nom de *malt*, ou *drèche*, au grain que l'on a fait artificiellement, jusqu'à un certain point, germer ainsi. Les lois anglaises prescrivent de faire tremper l'orge dans l'eau, pendant au moins quarante heures ; mais on peut prolonger l'opération au delà de ce minimum de durée, tout aussi long-temps qu'on le juge convenable. L'orge, ainsi trempée, augmente de poids de 47 pour 100, et son augmentation de volume est d'environ 20 pour 100. Pendant que ces changemens de poids et de volume ont lieu, il se dégage beaucoup d'acide carbonique, le grain se ramollit un peu, et il communique à l'eau une teinte d'un brun rougeâtre clair. Après avoir fait écouler l'eau, on étend l'orge à environ 2 pieds (environ 60 centimètres) d'épaisseur, sur un plancher où on le

forme en un tas rectangulaire, appelé *couche*,
ayant environ 16 pouces (environ 40 centimètres)
de hauteur. On laisse ainsi cette couche en repos
pendant vingt-six heures ; on la retourne alors
avec des pelles de bois, et on l'étale sur le plancher,
de manière à diminuer un peu l'épaisseur de la
couche. On répète ce remuement à la pelle deux
fois par jour, ou même plus souvent, en étalant
le grain de plus en plus, jusqu'à ce que l'épaisseur
de la couche n'excède que. de quelques pouces,
comme de 25 à 75 millimètres.

C'est principalement dans ces remuemens suc-
cessifs de la couche, que le grain commence à
absorber, par degrés, l'oxigène de l'air et à le convertir en acide carbonique. Par suite de cette opération chimique, la température s'élève lentement ;
et, au bout d'environ quatre-vingt-seize heures, le
grain est assez généralement plus chaud d'environ
10 degrés que l'air environnant. A cette époque,
l'orge, qui était devenue sèche à la surface, répand de l'humidité, au point qu'elle mouille la
main ; on dit alors que l'orge *sue*. Le grand objet
des ouvriers employés à la préparation du malt,
est d'éviter que la température ne s'élève trop
haut, et c'est par ce motif qu'ils remuent fréquemment l'orge. La température qu'ils désirent maintenir varie de 55 à 60 degrés Fahrenheit (de 13 à
17 degrés centigrades).

Pendant que l'orge sue, les racines des grains commencent à paraître ; et elles augmentent rapidement en longueur, à moins qu'on n'en arrête les progrès, en retournant fréquemment le malt. Vingt-quatre heures environ après la pousse des racines, on aperçoit les rudimens de la tige future ; et ces rudimens, les ouvriers malteurs les appellent *acrospire* (terme qui correspond en français au mot *germe*). Le germe s'élève de la même extrémité de la semence avec la racine, et, s'avançant en dedans de l'enveloppe du grain, elle en sort à la fin de l'extrémité opposée. Mais la germination est arrêtée avant qu'elle n'ait fait de tels progrès.

A mesure que le germe pousse à travers le grain, la partie farineuse de la semence éprouve un changement chimique ; la matière glutineuse et mucilagineuse disparaît, absorbée par l'embryon de la plante ; et le grain se ramollit au point de s'écraser entre les doigts. Lorsque le germe s'approche de l'extrémité de la semence, on arrête l'opération en desséchant le malt au four ou à l'étuve. La température ne doit pas excéder d'abord 90 degrés Fahrenheit (32 degrés centigrades); mais on la porte très lentement jusqu'à 151 degrés Fahrenheit (65 degrés centigrades), et même plus haut, suivant la nature du malt qu'on désire obtenir. On triture alors le malt, en en séparant toutes les petites racines, qu'on regarde comme nuisibles, et qui paraissent être principalement provenues de la partie mucilagineuse et glutineuse du grain. L'amidon n'est point employé à leur formation ; mais il éprouve un changement dont l'objet est, sans doute, de le rendre propre à servir d'aliment à la *plumule*, ou embryon de la plante. Il acquiert une saveur sucrée, ainsi que la propriété de produire, avec l'eau chaude, une dissolution transparente, se rapprochant de la nature du sucre.

On voit donc que le procédé de la fabrication du malt, ou drèche, n'est autre chose qu'une germination excitée artificiellement, ayant pour objet de convertir la fécule ou l'amidon de l'orge en matière sucrée, et cet effet est produit par la soustraction du carbone qui a lieu sur le plancher à drèche. Il paraît néanmoins que la totalité de l'amidon ne subit pas ce changement, car il reste encore dans le grain une portion qu'on en peut même séparer à l'état de pureté.

On a supposé que la germination des semences était indispensable pour les rendre susceptibles de fermentation ; mais le docteur Irvine fit voir le premier, en 1785, que cette opinion est erronée, et qu'on pouvait employer avec avantage du grain non malté dans les fermentations vineuses. Il observe que, non seulement la matière sucrée est susceptible de fermentation, mais aussi que les parties farineuse et mucilagineuse des végétaux contribuent à produire cet effet. Ces substances, à l'état de pureté, ne peuvent être converties ni en liqueurs vineuses, ni en vinaigre ; mais lorsqu'elles sont combinées avec une petite quantité de matière sucrée, elles fermentent ensemble, et sont susceptibles de se convertir en totalité, soit en liqueur vineuse, soit en vinaigre, suivant la proportion de cette matière qui leur est unie. Si cette matière sucrée est en grand excès, les parties farineuses se changent entièrement en liqueur vineuse, comme le sucre lui-même ; et quand, au contraire, la quantité en est très petite, le tout devient vinaigre et paraît n'avoir que peu de tendance à passer jamais à l'état vineux. Ainsi donc, lorsqu'on mêle avec de la matière sucrée une certaine quantité de farine de froment, d'orge ou d'avoine, dont la plus grande partie est farineuse, elle ne tarde pas à éprouver la fermentation vineuse, et la proportion de l'esprit enivrant produit est beaucoup plus considérable que celle qu'aurait fournie la matière sucrée seule.

Il est certain cependant, ajoute le docteur Irvine, que l'action est tout-à-fait indépendante des puissances végétatives de la plante ; ce n'est pas seulement pendant l'accroissement de la semence que ce changement peut être remarqué ; car, en mêlant une certaine quantité de matière sucrée,

produite par le développement de la semence avec
une autre quantité de la même semence réduite
en poudre, et ajoutant au mélange une quantité
d'eau convenable, le tout acquerra une saveur
sucrée, éprouvera bientôt après la fermentation
vineuse, et se convertira en esprit, de la même
manière que si le tout avait été préalablement
altéré par la végétation de la semence. Si la farine
n'avait pas cette propriété, les fermiers seraient
souvent exposés, dans les mauvaises saisons, à des
pertes considérables. Le grain, une fois qu'il a
commencé à végéter et dont on a arrêté la végétation, ne peut plus germer de nouveau; il n'est
plus propre à être converti en malt; et lorsque la
germination a été ainsi mal dirigée, il est difficile
de supposer que la conversion en matière sucrée
ait été parfaite ou complète. Le grain serait donc
moins propre à la fermentation vineuse, et pro-
duirait une plus petite quantité d'esprit que le
grain qui a été bien malté; et cependant, lorsqu'on mêle ce grain avec une certaine quantité de
malt, convenablement préparé, et qu'on fait fermenter, on obtient autant d'esprit que si le grain
eût été mis en totalité à l'état de malt parfait. Ceux
qui font le commerce de malt, préfèrent même
celui-ci à quantité égale; car, dans les saisons fa-
vorables, lorsqu'on ne trouve pas de malt ainsi à
moitié germé, ils le remplacent en broyant de bon

grain et le mêlant à leur malt ; et la quantité d'esprit qu'ils obtiennent de cette manière est plus grande que celle qu'aurait produit une égale quantité de malt de bonne qualité.

Les brasseurs pourraient donc retirer de très grands avantages de l'emploi d'une portion d'orge non maltée.

DES DIFFÉRENTES ESPÈCES DE MALT OU DRÈCHE.

Les brasseurs distinguent trois espèces de malt, savoir, le *malt pâle*, le *malt brun* et le *malt ambré*, noms dérivés de leur couleur, due au mode de dessication.

Le malt pâle diffère très peu en couleur de l'orge chauffée à une très douce chaleur et poussée justement assez loin pour empêcher la germination du grain d'avoir lieu.

Le malt ambré tient, par toutes ses propriétés, le milieu entre le malt pâle et le malt brun ; et on lui donne sa couleur en le séchant à l'aide d'une température plus élevée.

Le malt brun diffère des précédens, en ce qu'il a été soumis à une chaleur encore plus forte ; de sorte que l'enveloppe extérieure du grain est, jusqu'à un certain point, charbonnée.

On emploie le malt pâle et le malt ambré à la fabrication d'aile fine et de la bière pâle ; on se sert de malt brun ou d'un mélange de malt brun et de malt ambré pour l'aile brune et le porter.

Le malt communique non seulement sa couleur à la bière qui en provient, mais encore il en change matériellement la qualité, et spécialement en ce qui concerne ses propriétés d'être bonne à boire et de s'améliorer, ce qui résulte de l'action chimique de la chaleur, pendant sa préparation, sur les principes qui se sont développés dans le grain. La qualité du malt varie suivant qu'on a fait plus ou moins tremper le grain, égoutter, germer, sécher, ou échauffer à l'étuve, et aussi, selon la qualité de l'orge avec laquelle il a été préparé.

Le principal avantage du malt fortement desséché sur celui qui est plus pâle, consiste dans la couleur d'un brun jaunâtre intense, qu'il communique à la liqueur; mais toujours, cependant, aux dépens de la richesse de la bière; et, en effet, le malt séché à une haute température contient moins de matière capable de produire un liquide vineux, qu'une quantité égale de malt pâle; si, dans la fabrication domestique de la bière, on recherche la couleur, il peut être économique de la donner au moyen du caramel.

DU FOUR A DRÈCHE OU MALT.

Ce four est une chambre de la forme d'une large pyramide renversée, ayant à son sommet une grille de fer. La base de la pyramide est couverte d'un plancher sur lequel on étend le malt en une couche de 4 pouces environ (10 centimètres environ) d'épaisseur, afin de lui faire éprouver l'action du feu placé au-dessous, dont la chaleur passe à travers le plancher. On fait usage aujourd'hui, pour ces planchers, de toiles métalliques ou de plaques de fer percées de petits trous ressemblant à des tamis. Elles permettent à l'air échauffé d'agir sur toutes les faces de chaque grain, et la chaleur traverse la couche de malt, emportant avec elle l'humidité et desséchant le grain sans le griller à l'extérieur.

On a soin de remuer le grain sur le plancher toutes les trois ou quatre heures. La température, qui convient pour le malt pâle est de 120 degrés Fahrenheit (48 degrés centigrades), et de 145 degrés Fahrenheit (63 degrés centigrades) pour le malt brun; quelle que soit d'ailleurs la couleur qu'on désire donner au malt, il faut que la chaleur soit d'abord très modérée. Ainsi, par exemple, le malt qui doit recevoir la couleur d'un brun foncé, aura à passer d'abord par la couleur du malt pâle, puis par la couleur du malt ambré, et ainsi de suite par degrés, non par une augmentation subite du feu, mais par son action long-temps continuée.

Le grand objet, dans la dessication du malt, consiste à l'exposer lentement à une chaleur graduée, afin d'en chasser toute l'humidité qu'il contient, et à élever ensuite progressivement la température jusqu'au degré convenable. Dans les brasseries les mieux dirigées, la chaleur, au commencement de l'opération, ne doit pas excéder 90 degrés Fahrenheit (32 degrés centigrades); puis, à mesure que le malt abandonne son humidité, on la porte insensiblement jusqu'à environ 150 ou même 165 degrés Fahrenheit (66 ou même 74 degrés centigrades); l'opération étant ainsi conduite, on peut faire en sorte que le malt conserve la couleur pâle; tandis que si l'on élève tout à coup la température, le malt prend infailliblement une couleur foncée, et il se perd une grande quantité de matière fermentescible.

Après avoir retiré le feu, on laisse le malt sur le plancher jusqu'à ce qu'il soit presque entièrement refroidi.

On doit éviter, autant qu'on le peut, d'acheter de l'orge mélangée, ou qui ait crû dans des situations variées, parce que ses semences ne germant pas uniformément, sont sujettes à induire en erreur l'ouvrier qui travaille le malt; et qu'en outre, pendant sa préparation, certaines portions ne se trouveraient maltées qu'à moitié, d'autres trop, et quelques unes peut-être pas du tout. Un mélange d'orge vieille avec de l'orge de la dernière récolte, n'est pas non plus propre à la fabrication du malt; car les deux grains ne germent pas en même temps.

DE L'ESTIMATION DES VALEURS RELATIVES DE DIFFÉRENTES ESPÈCES DE MALT.

Le malt de la meilleure qualité a la forme d'un grain rond et plein. Lorsqu'on le brise, il offre une farine douce au toucher, enveloppée dans une pellicule légère; il se broie aisément sous la dent, et il a un goût moelleux et sucré. Le malt dépourvu de saveur sucrée et d'une odeur agréable, doit être rejeté.

Les brasseurs ont encore recours à un autre moyen pour reconnaître la bonté du malt. Ce moyen consiste à en mettre une certaine quantité dans un verre d'eau; toute la portion de ce malt qui a été convenablement préparée vient nager à la surface, tandis que les grains non maltés tombent au fond. Mais la méthode la mieux raisonnée pour apprécier la valeur relative de différens échantillons de malt, consiste à déterminer la proportion de matière fermentescible qu'on

peut obtenir d'une quantité donnée ; car il n'y a
pas dans le commerce de substance dont la qualité soit aussi variable que le malt, et, pour y
parvenir, on extrait d'un échantillon donné de
malt, au moyen d'eau chauffée à la température
employée pour brasser, toute la matière fermentescible qui peut être contenue dans cet échantillon.

DU HOUBLON.

Le houblon, *humulus lupulus,* est une plante
vivace, sarmenteuse, à tige grimpante, dont la
culture est très répandue en Angleterre, particulièrement dans le comté de Kent. Les fleurs
mâles sont séparées des femelles, et ce sont ces
dernières seulement dont on fait un article de
commerce.

La fleur du houblon est fortement amère, aromatique et astringente. Une simple infusion suffit
pour en extraire la partie aromatique. Une courte
ébullition enlève l'amertume, et, par une ébullition long-temps prolongée, la partie aromatique
est dissipée, et la qualité astringente prédomine.

La partie aromatique de la plante réside dans
une huile volatile, et sa propriété astringente est
due à une espèce de tannin; car son infusion
noircit avec le sulfate de fer. Le houblon contient,
en outre, une résine à laquelle cette plante doit

son amertume, et une matière extractive mucilagineuse nauséabonde, que l'alcool précipite de son infusion. Les effets de l'emploi du houblon dans la fabrication de la bière sont évidemment de lui communiquer une saveur amère, aromatique, et de retarder la fermentation acéteuse; car les liqueurs de malt se conservent d'autant mieux que la proportion du houblon y est plus grande; leur amertume diminue à mesure que la liqueur vieillit, et elle disparaît en raison de ce qu'elle tourne à l'acidité.

Le houblon fut, dans l'origine, apporté du nord en Angleterre vers l'an 1524. Il en est, pour la première fois, fait mention dans le code anglais en 1552, c'est-à-dire, dans les cinquième et sixième années d'Édouard VI, chapitre cinquième; et d'après un acte du parlement de la première année du règne de Jacques Ier en 1603, chapitre dix-huitième. On voit qu'à cette époque l'Angleterre produisait du houblon en grande abondance.

CARACTÈRES AUXQUELS ON RECONNAÎT LA BONNE QUALITÉ DU HOUBLON.

Cette bonne qualité se reconnaît à plusieurs indices, mais principalement à ce que la matière pulvérulente jaune farineuse qui le saupoudre est visqueuse ou résineuse au toucher, à sa couleur, ainsi qu'à son odeur aromatique ; et l'on fait d'autant plus de cas d'un houblon, que ses bourgeons sont plus visqueux au toucher. Quoiqu'il soit très important, relativement à la couleur, qu'elle pût être maintenue aussi vive que possible, il ne s'ensuit pas néanmoins que le houblon le mieux coloré possède au plus haut degré une saveur aromatique agréable.

En écrasant fortement dans la paume de la main quelques fleurs de houblon, s'il est de bonne qualité, on aperçoit une substance huileuse ou résineuse, accompagnée d'une odeur des plus vives; et par le frottement, il se produira une certaine quantité de poussière d'un beau jaune, appelée dans le commerce *condition*, et dans laquelle consiste en partie la richesse du houblon, comme sa force consiste dans la substance huileuse ou résineuse. En ouvrant une montre de bons houblons, on y trouve une grande quantité de graines, et s'ils ont été convenablement séchés, ils sont de la couleur d'un beau vert olive. Il faut aussi faire attention aux sacs ou poches qui renfermaient la montre, pour s'assurer si les houblons y ont été entassés et pressés comme il convient qu'ils le soient.

On reconnaît que le houblon a été cueilli trop tôt à sa couleur d'un vert vif; les graines sont petites, ridées, et leurs enveloppes sont sans saveur aromatique; lorsqu'au contraire le hou-

blon a été cueilli trop tard, sa couleur est d'un
brun sombre. Les cultivateurs cachent jusqu'à un
certain point ce défaut, en l'exposant aux vapeurs
du soufre brûlant ; mais, avec un peu de pratique,
et en faisant attention à l'odeur, il est très facile
de découvrir la sophistication. Le houblon passe
pour être vieux, quand il est resté pendant une
année ensaché ; et dans cet état, on admet en
général, parmi les brasseurs, qu'il a diminué d'un
quart à un cinquième en degré de force.

DE LA FABRICATION EN GRAND DE LA BIÈRE.

La première opération dans cette fabrication consiste à moudre le malt de manière à ce que chaque
grain soit écrasé, sans néanmoins être réduit en
poudre ; et dans cet état, les ouvriers anglais
l'appellent *grist* (grain moulu). La mouture du
malt s'effectue entre deux meules de pierre, comme
on moud le blé ; mais on a soin de tenir les meules
plus éloignées l'une de l'autre, afin de ne pas
brôyer le grain trop fin, tandis qu'en même temps
elles ne permettent à aucun des plus petits grains
de s'échapper sans être écrasé ; et, pour mieux
s'assurer qu'il en est ainsi, on fait passer le malt
moulu à travers un tamis qui sépare les grains
non broyés, et qu'on fait écraser ensuite entre
deux cylindres de fer. Quelques brasseurs font

usage de cylindres pour moudre leur malt ; et, dans ce cas, il est impossible qu'aucun grain échappe à leur action. Par cette méthode, l'enveloppe extérieure devient perméable à l'eau ; et par la pression des cylindres, la farine est assez comprimée pour empêcher l'eau d'agir promptement sur elle. Cet effet aura lieu à un plus haut degré dans le malt pâle que dans le malt brun ; car ce dernier, qui a été desséché à une température plus forte, est devenu beaucoup plus cassant que le malt préparé à une douce chaleur.

Dans quelques établissemens, on a adopté des moulins en acier, semblables en grand à ceux dont on fait usage en petit pour broyer le café. Un moulin de cette espèce de 10 à 12 pouces (25 à 30 centimètres) de diamètre, et faisant environ 150 révolutions par minute, peut moudre de la manière la plus parfaite, de 6 ou 8 quarters(1) (de 15 à 20 hectolitres environ) de malt par heure. Ce moulin brise les grains comme les meules de pierre ; mais le malt y passant très rapidement, les parties divisées du grain ne sont pas réduites en farine, comme dans le moulin à meules de pierre, où elles sont plus long-temps soumises à l'action de la machine. Après que le malt a été

---

(1) Le quarter vaut 8 boisseaux de grains ; le boisseau, 8 gallons 64 pintes, et le gallon, 3,784 litres.

moulu, on le dépose, pendant quelque temps, dans
une espèce de chambre froide privée de lumière,
pour l'y laisser ce qui s'appelle en terme de l'art,
mûrir; le malt brun doit y rester ainsi pendant
quatre ou cinq jours, avant qu'on en fasse usage ;
mais, pour le malt pâle, il suffit d'un ou de deux
jours. On assure qu'on extrait plus promptement
et plus parfaitement de ce grain moulu, lorsqu'il
a été exposé à l'air, toute la force du malt, et que
la bière en acquiert beaucoup plus qu'elle n'en
aurait eu avec une même quantité de malt prise
directement sur le four à malt.

DE LA PRÉPARATION DU MOUT.

Cette préparation est la seconde opération de la
fabrication de la bière. On se sert, pour l'exécuter
en grand, d'un vaisseau cylindrique en bois ou en
fonte de fer. Ce vaisseau, qu'on appelle *cuve-
matière*, peu profond relativement à sa dimension,
est garni d'un double fond percé de petits trous
coniques, placé à quelques pouces (plusieurs
centimètres) de distance du véritable fond.

Sur deux côtés de l'espace entre ces fonds sont
pratiquées des ouvertures. A l'une d'elles est fixé
un tuyau pour conduire de l'eau chaude dans la
cuve-matière ; et à l'autre, un goulot ou un robinet pour en retirer la liqueur. Lorsque l'espace

3

entre les deux fonds est rempli d'eau, on continue à y faire arriver de ce liquide ; alors il s'élève
par les trous du faux fond à travers le grain moulu ; et, lorsqu'il en est recouvert de quelques
pouces (centimètres), toute la quantité convenable a été introduite. C'est alors que commence
la préparation du moût, dont l'objet est d'opérer
un mélange parfait du malt avec l'eau, afin que
ce liquide en puisse extraire toutes les parties solubles ; dans cette vue, on aide quelquefois l'in-
corporation de l'eau avec le grain moulu, en agi-
tant avec de longs rateaux de fer ou pelles en
forme d'avirons. Mais, à Londres, les opérations
des brasseries se pratiquent tellement en grand,
qu'elles y rendent cette méthode impraticable, à
raison du grand nombre d'ouvriers qu'elle néces-
siterait ; on y a donc généralement adopté l'emploi
de différentes machines.

L'une d'elles consiste dans une forte barre de
fer verticale de la même hauteur que la cuve-
matière, placée au centre de ce vaisseau. Cette
barre verticale porte deux grands bras ou rayons
pareillement en fer, garnis de dents verticales en
fer, distantes l'une de l'autre de quelques pouces
(centimètres) ; les bras de fer, qui posent sur le
faux fond, sont mis en mouvement par une machine à vapeur ou tout autre moteur quelconque ;
ils font des révolutions lentes autour de l'axe ver-

tical, au moyen desquelles, à mesure qu'ils tournent, ils s'élèvent aussi à travers ce que contient
la cuve jusqu'à la surface; quand ils y sont par-
venus, le mouvement circulaire change, ils se
meuvent dans le sens opposé; et, dans le cours
d'un petit nombre de révolutions, ils reviennent
au fond. On continue ces mouvemens alternatifs,
jusqu'à ce que l'on juge que l'eau et le grain moulu
soient convenablement incorporés.

Lorsque l'opération est complétement achevée,
on recouvre la cuve, afin de prévenir tout dégagement de chaleur, et on laisse reposer le mélange, pour que les parties insolubles puissent se
séparer de la liqueur. On ouvre alors le robinet,
et on laisse écouler l'infusion claire.

Le liquide qu'on obtient ainsi s'appelle MOUT.
Celui qu'on retire de la première opération est
toujours beaucoup plus riche en matière sucrée;
mais, pour épuiser tout-à-fait le malt, une seconde
et même une troisième infusion sont nécessaires.
Dans quelques établissemens, l'emploi de l'eau
pour une troisième infusion n'a simplement pour
objet que de la faire pénétrer à travers le grain
moulu. On se sert, à cet effet, d'une espèce de
large gouttière ou couvercle de forme triangulaire,
ayant sa partie étroite placée sous un robinet de
cuivre, s'étendant de 9 à 12 pieds (de 3 ou 4 mètres)
en largeur sur le bord de la cuve-matière, de

manière à y faire arriver l'eau si doucement que
le grain moulu, préparé en moût, n'en soit pas
troublé. L'eau ainsi appliquée, chasse devant
elle, à travers le moût en préparation, la portion
de la seconde infusion restée dans le grain moulu ;
elle en prend la place, et extrait ainsi du malt
une liqueur plus forte que celle qu'on aurait obtenue par la méthode ordinaire. La quantité d'eau
à employer pour cette infusion doit donc être
déterminée par la pesanteur spécifique du moût
précédent, de manière à atteindre la densité
moyenne requise par le mélange de deux ou trois
infusions réunies ensemble, ou la quantité de bière
qu'on se propose de brasser ; et lorsqu'on connaît,
à l'aide du saccharomètre, la quantité de matière
sucrée que contiennent les première et seconde
infusions, la portion d'eau nécessaire pour donner, par la troisième infusion, le degré de force
qu'on veut obtenir, sera facilement évaluée. La
durée de la préparation du moût, lorsqu'on emploie une mécanique, est ordinairement de 35 à
45 minutes.

La cuve à brasser, pour chauffer l'eau et faire
bouillir le moût, est de cuivre, et fermée à sa partie
supérieure par un dôme hémisphérique qui est en-
touré d'un cylindre de cuivre destiné à contenir
l'eau dont on a besoin pour les infusions subséquentes, ou ensuite pour le moût préparé ; le li-

quide est chauffé à la vapeur de la manière suivante. Du centre du dôme s'élève un tuyau perpendiculaire, et de l'extrémité supérieure de ce tuyau descendent quatre autres tuyaux inclinés, dont les extrémités inférieures viennent se terminer très près du fond du cylindre, et aboutir, par conséquent, dans l'eau ou le moût qu'il contient. D'après cette construction, la vapeur qui s'élève de la cuve ou chaudière de cuivre est obligée de traverser le fluide contenu dans le cylindre, et il l'échauffe rapidement. Les avantages de cette disposition sont évidens ; car dès l'instant que la chaudière est vide, il devient nécessaire d'y introduire une nouvelle quantité de liquide, afin d'en recouvrir le fond, et éviter que le vaisseau ne soit détérioré par la haute température à laquelle il se trouverait exposé. Le cylindre de cuivre, qui entoure le dôme, remplit convenablement cet objet ; et, de plus, le liquide qu'il contient s'y échauffe sans aucune augmentation de dépense de combustible.

Ainsi donc, dans le courant de l'opération, lorsque le premier moût a été pompé dans le cylindre surmontant la chaudière, il s'échauffe, tandis que l'eau qui doit servir à la seconde infusion est dans la chaudière, et dès l'instant qu'on fait écouler de la chaudière l'eau destinée pour la seconde infusion, on l'y remplace par le moût déjà chauffé dans le cylindre, et celui-ci y est remplacé à son tour par l'infusion qui doit suivre. De cette manière, la vapeur produite par le liquide de la chaudière est employé à chauffer une autre quantité de liqueur contenue dans le cylindre qui entoure le dôme de la chaudière.

OBSERVATIONS SUR LA PRÉPARATION DU MOUT, LA TEMPÉRATURE DE L'INFUSION OU MÉLANGE, ET LA QUALITÉ DE L'EAU A EMPLOYER.

Le principal objet qui doive fixer l'attention dans la préparation du moût, est la temperature de l'infusion ou du mélange, température qui dépend à la fois et de la chaleur de l'eau et de l'état du malt. Si l'on mêle une certaine quantité d'orge avec deux fois son volume d'eau, la température de la masse sera, à très peu près, double de la température *moyenne* des deux ingrédiens Si l'on soumet le malt le plus pâle à la même expérience, la température sera un peu plus élevée que la température moyenne des deux substances mêlées. Plusieurs brasseurs se persuadent que la chaleur de l'eau à employer dans la préparation du moût doit se régler sur la couleur du malt, c'est-à-dire d'après le degré de chaleur auquel il a été exposé sur le four à malt ; et, dans cette manière de voir, plus le malt est pâle, moins la température de l'eau doit être élevée ; et ainsi de même, sui-

vant la couleur du malt; mais cette opinion est
erronée; le fait est que la tendance de l'eau
chaude à *déposer*, ou à former une pâte tenace
avec le *grain moulu*, augmente avec la température de l'eau; et que cette tendance est d'autant
moins forte que la couleur du malt est plus
foncée, par la raison que le malt, fortement séché,
contient une quantité moindre d'amidon non décomposé que le malt pâle ou ambré; d'où il suit
qu'on peut employer, pour l'infusion, de l'eau à
une température plus élevée.

L'eau à la température de l'ébullition, ou près
de ce terme, convertit promptement toute substance farineuse quelconque en une pâte ferme
glutineuse; et cette masse est imperméable, ou
presque telle, aux liquides en général; mais,
comme dans la préparation du moût on a pour
objet de rendre l'eau capable de dissoudre convenablement la matière sucrée du malt, l'effet doit
être nécessairement en grande partie empêché si
la surface de chaque particule de malt s'oppose,
par sa conversion en pâte, à ce que l'eau la pénètre
intérieurement; aussi exprime-t-on très bien ce
qui a lieu dans cette circonstance, en disant, dans
le langage ordinaire, que la trop grande chaleur
de l'eau resserre ou ferme les pores du malt, et le
fait se *déposer*; d'où l'on voit que des températures trop élevées ou trop basses sont également

préjudiciables, quoique d'une manière différente dans leurs effets ; ceux qui résultent d'une température trop élevée sont de la plus grande importance ; tandis qu'on peut encore remédier, dans les opérations subséquentes de la préparation du moût, aux effets d'une température trop basse, en ce qui concerne l'extraction de la matière soluble du malt.

La raison qui détermine à préparer le moût au moyen de trois portions d'eau séparées, au lieu d'y employer tout ce liquide d'une seule fois, est en partie que, dans ce dernier cas, une grande quantité du moût le plus riche serait retenue par les grains (c'est ainsi qu'on appelle la masse qui reste dans la cuve-matière après qu'on en a fait écouler tout le moût), quantité qui alors est plus complétement lavée par l'application répétée d'eau fraîche ; et en partie parce que l'eau elle-même, en quantités divisées, extrait en plus grande abondance les parties solubles du malt que ne pourrait le faire la même quantité de ce liquide employée tout à la fois.

Quant à la qualité de l'eau à employer, il est beaucoup de brasseurs qui recommandent l'usage d'eau douce et légère, de préférence à de l'eau dure ou crue, et, comme le pouvoir dissolvant de ce liquide, ainsi que sa propriété d'être douce, sont généralement en proportion de son degré de pureté, on reconnaîtrait un motif dans cette préférence s'il s'agissait d'un emploi de liqueur extrêmement délicat ; mais, si l'on considère que l'eau crue tient à peine en dissolution la millième partie de son poids de substances étrangères, qui, dans le plus grand nombre de cas, se déposent pendant l'ébullition ; et si l'on fait, de plus, attention que le moût, même celui qui produit l'aile la plus forte ou le porter, devra s'imprégner en outre, dans les opérations subséquentes, de la matière soluble du malt et du houblon, il ne paraît pas que cette préférence soit établie sur aucune raison solide, ou, s'il y en a, il ne peut en résulter aucun avantage dans la pratique : la juste préférence que l'on accorde dans un autre procédé, le lavage à l'eau douce sur l'eau dure ou crue, offre en effet un motif plausible ; mais dans ce procédé-ci, les objections qu'on peut faire contre l'emploi d'eau dure sont réellement fondées sur des motifs très différens, ainsi que le savent ceux qui connaissent la chimie ; dans le procédé dont il s'agit, il suffit de faire observer que l'objection perd de sa force en raison de ce que la proportion d'eau augmente, tandis que dans le cas du lavage elle en acquiert en proportion de ce que la quantité d'eau est plus grande.

On peut donc considérer comme une chose de très peu de conséquence, l'emploi dans les opérations du brasseur, d'eau de pluie, de rivière, ou de source.

Le moût, du moment où il s'écoule de la cuve, est un liquide transparent; s'il est nuageux, c'est une preuve que l'on a employé, pour sa préparation, une eau trop chaude; mais il n'y a rien à craindre si la chaleur de l'eau n'excède pas 185 degrés Fahrenheit (85 degrés centigrades), quoique, dans la pratique, cette température n'excède pas celle de 160 à 170 degrés Fahrenheit (71 à 82 degrés centigrades). A celle de 198 degrés Fahrenheit (92 degrés centigrades), la plupart des espèces de malt donnent un moût nuageux.

Quelle que soit la proportion du moût qu'on veuille obtenir d'une quantité donnée de malt, on doit se rappeler que chaque quantité d'un boisseau (30 litres environ) de malt absorbe et retient environ 3 gallons (environ 11 litres) d'eau; et qu'ainsi, l'eau à employer doit excéder, dans la même proportion, le moût à obtenir.

CONSTITUTION CHIMIQUE DU MOUT.

Le liquide qu'on obtient des opérations qui viennent d'être décrites pour la préparation du moût, et qui porte ce nom, est d'une saveur sucrée mielleuse, et d'une odeur particulière. Il pa-

raît consister principalement dans les trois substances différentes ci-après, savoir :

1°. Une substance de saveur sucrée, à laquelle
on a donné le nom de *matière saccharine*, et qui
en forme la partie la plus abondante. Cette substance, lorsqu'elle est séparée, est d'un brun clair.
Elle forme, étant séchée, une masse cassante à
surface vitreuse, et paraît être le principe essentiel
du moût.

2°. L'amidon. On peut aisément reconnaître la
présence de cette substance, en versant dans le
moût quelques gouttes d'une dissolution d'iode;
il se produit, à l'instant même, un précipité bleu,
qui contient l'amidon.

Le troisième ingrédient est une substance très
improprement appelée *mucilage;* elle se précipite
en flocons, lorsqu'on verse le moût dans l'alcool.
Quoique cette substance n'ait pas été analysée avec
soin, il est néanmoins certain qu'elle diffère matériellement du mucilage végétal, car elle a quelques uns des caractères du gluten. Ce mucilage
est en plus grande quantité dans le moût le dernier obtenu du malt, que dans celui qu'on en a
extrait d'abord. Cette quantité varie aussi avec les
différentes espèces de malt, et elle passe très rapidement à la fermentation acéteuse.

DU TRAITEMENT, PAR L'ÉBULLITION, DU MOUT AVEC LE HOUBLON, OU DE LA CUITE DU MOUT.

L'opération qui vient après, dans l'art du brasseur, est celle qui consiste à faire bouillir le moût avec le houblon. Si l'on n'a pour objet que de faire une seule espèce de liqueur, il faut mêler ensemble le produit des trois infusions; mais, si l'on désire avoir l'aile ou du porter et de la bière de table, il ne faut employer que le moût de la première ou de la première et de la seconde infusion, et mettre le reste à part pour la bière de table.

A mesure que le moût s'écoule de la cuve-matière dans le vaisseau destiné à le recevoir, on le fait passer, au moyen d'une pompe, dans la chaudière en ébullition (ou d'abord dans le cylindre de cuivre), où on le concentre jusqu'au degré de force requis pour la bière qu'on désire obtenir, en ayant soin d'ajouter du houblon à la liqueur. La quantité de houblon à employer, ainsi que la densité du moût, sont déterminées d'avance, d'après la force de la bière qu'on désire se procurer et la durée du temps qu'on a l'intention de la garder. La quantité de houblon est d'autant plus grande que le moût est plus fort et que la bière à fabriquer doit être conservée plus long-temps. On estime, en général, qu'il suffit de 1 livre à 13 onces

45 à 80 décigrammes) de houblon, par chaque
boisseau (30 litres) de malt ; et, pour l'aile forte
ou le porter, on augmente souvent cette proportion de houblon. Dans la pratique usuelle, lorsqu'on fait, avec le même malt, de la bière forte
et de la bière de table, on met la totalité du houblon dans le moût fort ; et, après avoir fait bouillir ce mélange pendant un temps suffisant, on
l'ajoute au moût de bière de table, afin de l'épuiser par une seconde cuisson.

L'emploi du houblon a en partie pour objet de
communiquer à la bière un goût particulier, et en
partie de masquer, par le principe amer et le tannin qu'il contient, la douceur de la matière sucrée ;
et son effet est en même temps d'arrêter la tendance du moût à tourner à l'acidité, parce que
le houblon coagule l'excès de mucilage et de matière glutineuse qu'on extrait inévitablement du
malt dans la préparation du moût. Si le mucilage
et la matière glutineuse restaient en dissolution
dans la bière, elle ne serait jamais belle, car ils la
rendraient nuageuse. L'ébullition durcit ces substances, de la même manière probablement que
le blanc d'œuf acquiert de la consistance dans
l'eau bouillante ; cette coagulation s'appelle le
caillement du moût ; l'ébullition doit être, par
conséquent, toujours continuée, jusqu'à ce que le
caillement se manifeste ; et peut-être que l'étant

beaucoup trop long-temps, elle serait nuisible ; car
il a été observé que les flocons de matière coagulée
deviennent de plus en plus gros que l'ébullition
continue plus long-temps. Ces flocons se déposent
ensuite dans les raffraîchissoirs, d'où on les retire
sous la forme de levure pour la fermentation, et
ils se trouvent finalement dans les lies de la bière,
ainsi débarrassée de matières qui, autrement, seraient restées en dissolution.

Indépendamment de l'action chimique qu'exerce
le houblon, dans l'opération de l'ébullition ou de
la cuisson du moût, un autre objet est rempli,
celui de la concentration ; son volume étant réduit
par l'évaporation, qui n'enlève qu'une portion
d'eau pure, la quantité préexistante de matière
fermentescible reste concentrée dans un espace
moindre que celui qu'elle occupait auparavant.

Après la première ébullition avec le houblon,
on fait écouler par des robinets le moût et le houblon, et la liqueur est ainsi conduite de la chaudière dans ce qu'on appelle le baquet à houblon,
garni d'un plancher en fonte de fer percé de petits
trous, de manière à laisser passer le moût et retenir le houblon. Celui ainsi resté sur le plancher
du baquet à houblon, est retiré par des ouvriers ;
ils le mettent en paquets, qu'ils enlèvent ensuite
avec des cordages et au moyen d'une machine pour
le reporter dans la chaudière de cuivre, pour l'y

faire bouillir de nouveau avec le second et le troisième moût.

On remue le houblon de bas en haut dans la chaudière, au moyen d'un axe qui la traverse perpendiculairement, portant à son extrémité inférieure des bras qui y sont fixés horizontalement ; à ces bras sont suspendues des chaînes, en forme de brides, qui raclant au fond de la chaudière, soulèvent et remuent le houblon, lorsqu'on imprime à l'axe un mouvement de rotation. Tout cet appareil, lorsqu'on n'a pas besoin de s'en servir, peut s'enlever du fond de la chaudière, au moyen d'un collet et d'un pignon adaptés à la machine à vapeur qui met l'appareil en mouvement.

DENSITÉ DU MOUT TELLE QU'IL EST ESSENTIEL QU'ELLE SOIT POUR DIFFÉRENTES ESPÈCES DE BIÈRE.

Il doit être de la plus grande importance, dans la fabrication de la bière, d'établir une densité déterminée du moût ; car il n'y a rien de plus absurde que de calculer au hasard sur une quantité donnée de liqueur à obtenir d'un poids donné de malt, ou de plus ridicule que la pratique de concentrer, jusqu'à un certain volume, un moût dont on ignore la densité : il n'est guère, en effet, d'article de commerce susceptible de varier autant en qualité que le malt.

Chaque brasseur, néanmoins, peut établir le terme moyen du degré de force de son moût ou sa pesanteur spécifique, lorsqu'il a été reconnu, par expérience, qu'après avoir été décomposé et affaibli par le procédé de la fermentation, il produit une liqueur agréable à ses consommateurs habituels, et il se procure ainsi, pour son établissement, un degré de force uniforme et certain.

Quoique le houblon augmente la densité du moût, cependant cette substance, de son côté, imbibe et retient opiniâtrément une portion de la matière solide du moût, excédant de beaucoup la quantité de houblon extraite qui a été ajoutée au moût. Il a été fait, à ce sujet, un grand nombre d'expériences et dans des circonstances variées. Je peux, d'après les miennes propres, établir qu'une livre (453,4 grammes) de houblon, qu'on a fait bouillir, pendant deux heures, avec 15 gallons (environ 57 litres) d'eau, produit, dans la pesanteur spécifique du liquide, une augmentation des 0,5 à 2.

Les brasseurs de porter donnent la préférence au houblon d'une couleur brune, et les brasseurs d'aile et de bière de table font usage de houblon de couleur pâle. Le houblon ancien est considéré comme ayant, comparativement au houblon nouveau, un cinquième de moins de force.

REFROIDISSEMENT DU MOUT.

Après avoir fait bouillir le moût avec le houblon, et qu'il a été concentré au terme fixé de
pesanteur spécifique, on le transvase dans des
vaisseaux appelés rafraîchissoirs, placés dans le
lieu le plus aéré qu'on ait à sa disposition, et de
manière que l'air y ait un libre accès. On ne donne
ordinairement à ces vaisseaux que 4 ou 5 pouces
(10 à 12 centimètres) de profondeur, et il est
essentiel que la liqueur se refroidisse le plus
promptement possible, particulièrement dans l'été,
parce que le moût concentré est extrêmement disposé à éprouver, par son exposition à un air
chaud, un changement chimique, qui serait très
nuisible à la production subséquente d'une bière
bonne et saine. Il se manifeste à la surface de ce
moût de petites taches blanches de moisissure, et
la liqueur acquiert alors une odeur désagréable.
On doit donc établir sur la surface du liquide un
libre courant d'air. Dans le rafraîchissement la
bière perd, par l'évaporation, une quantité d'eau
considérable. Cette perte, dans les rafraîchissoirs,
s'élève souvent au-delà du huitième du moût ; sa
densité en est, par conséquent, augmentée.

Lorsque, dans le temps froid, la quantité de
liqueur brassée, ou *brassin*, est petite, il convient

de ne pas laisser s'abaisser la température du moût au terme de celle de l'atmosphère ; il ne faut laisser de moût dans les rafraîchissoirs qu'en quantité telle, que, dans l'espace d'environ 7 à 8 heures, la liqueur puisse se refroidir à environ 15 degrés centigrades, ce qui est, en général, le terme convenable pour arrêter la préparation du moût. Pour que le refroidissement ait rapidement lieu, on ne doit pas mettre en été dans les rafraîchissoirs du moût à plus de 1 pouce (25 millimètres) de hauteur ; mais, dans l'hiver, on peut en recouvrir les fonds jusqu'à de 3 à 4 pouces (8 à 10 centimètres). Dans les mois plus chauds de l'été, on pourra laisser s'abaisser la température des fonds autant que le temps pourra le permettre ; et quand la température de l'air excède 60 degrés Fahrenheit (15 degrés centigrades), il faut choisir de préférence la fraîcheur de la nuit pour refroidir le moût.

Pour mieux opérer le refroidissement du moût, on le fait souvent passer, avant de le transporter dans la cuve guilloire, à travers un tube métallique mince renfermé dans un tuyau plus large, en faisant passer entre ces deux tubes un courant continu d'eau froide ; ou bien encore on fait circuler une couche mince du moût entre deux plaques métalliques de très peu d'épaisseur, sur lesquelles coulent des couches d'eau froide ; par

l'un ou l'autre ce ces moyens, il se produit
promptement un abaissement de température.
Indépendamment de ces moyens de refroidissement du moût, on a encore recours, dans quelques
brasseries de Londres, à plusieurs autres procédés, qui sont tous calculés de manière à opérer
la réduction rapide de température.

Il faut avoir l'attention de tenir toujours les
rafraîchissoirs très propres ; et, pour cela, il ne
suffit pas seulement de les nettoyer avec de l'eau
chaude, mais encore il faut mettre dans chacun
d'eux une petite quantité de chaux vive, les remplir ensuite, ou du moins en partie, d'eau, et y
remuer de temps en temps le mélange pendant
qu'il y séjourne, et cela devrait se faire vingt-quatre
heures au moins avant qu'on ait besoin de s'en
servir. Lorsqu'on a ensuite retiré de ces rafraîchissoirs le mélange d'eau et de chaux, on les
échaude bien et on les fait sécher parfaitement,
avant d'y laisser couler le moût. En admettant
même que les rafraîchissoirs ne soient pas mal-
propres, s'ils n'ont pas servi depuis quelque temps,
il n'en conviendra pas moins de faire emploi de
chaux vive, comme on vient de l'indiquer ; et
c'est par cette raison qu'on a toujours soin de
tenir dans les rafraîchissoirs , lorsqu'on n'en fait
pas usage, de l'eau contenant un peu de chaux.

FERMENTATION DU MOUT.

Des rafraîchissoirs, le moût est transporté, par des conduits, dans la *cuve guilloire* ou *à fermentation*. Là, on le mêle avec de la levure, afin de le faire fermenter ; car la disposition du moût à la fermentation ne suffit pas pour qu'elle ait spontanément lieu avec la régularité nécessaire. Ses progrès sont si lents, et elle est si imparfaite, que la liqueur tourne à l'acidité, avant que la formation de la bière soit assez avancée.

La quantité de levure qu'on doit ajouter au moût dépend de sa force et de la température de l'atmosphère environnante ; d'où il suit qu'il en faut plus en hiver qu'en été ; et la quantité de levure nécessaire à une température de 21 degrés centigrades ne sera que la moitié de celle qu'il conviendrait d'employer, pour produire le même effet à 10 $\frac{1}{2}$ degrés centigrades. La petite bière, qui n'est pas destinée à être conservée, exige, quand la température n'est pas au-dessus de 40 degrés Fahrenheit (5 degrés centigrades), environ 8 pints (environ 4 litres) de levure, pour la liqueur extraite d'un quarter (environ 242 litres) de malt ; à la température de 59 à 60 degrés Fahrenheit (15 à 16 degrés centigrades) 6 pints (2,839 litres); et à environ 80 degrés Fahrenheit (27 degrés centigrades) 4 pints (1,892 litres) seulement.

La bière qui ne doit pas être gardée plus de dix ou douze mois, n'exige pas une aussi grande proportion de levure : 6 pints (2,859 litres) à environ 40 degrés Fahrenheit (5 degrés centigrades), 5 pints (2,366 litres) à 59 et 60 degrés Fahrenheit (15 à 16 degrés centigrades), et 3 pints (1,419 litres) seulement à 80 degrés Fahrenheit (27 degrés centigrades), sont considérés comme étant dans des proportions suffisantes.

Les brasseurs de Londres ajoutent ordinairement un gallon (3,784 litres) de bonne levure par 16 barils (environ 22 hectolitres) de moût d'aile ou de porter. Cinq ou six heures après cette addition de la levure, la fermentation commence; on aperçoit d'abord, à la surface de la liqueur, une ligne blanche, qui commençant sur les côtés de la cuve-matière, s'avance par degrés vers le centre, jusqu'à ce que toute la surface du liquide soit couverte d'une écume blanche formée d'une infinité de petites bulles gazeuses, qui augmentent en dimension, à mesure du progrès de la fermentation, recouvrent la surface de la liqueur, et à plusieurs pouces d'épaisseur (cent.), d'une écume de levure. Pendant tout ce temps, le dégagement des bulles de gaz donne lieu à un bruit continuel et à une grande agitation de la liqueur. La levure ainsi ajoutée paraît agir principalement sur la matière sucrée tenue en dissolution dans le moût ;

elle en facilite la décomposition, tandis que cette levure en éprouve elle-même une partielle. Par cette action mutuelle, la matière sucrée disparaît, la pesanteur spécifique du moût diminue, et il est converti dans la liqueur enivrante appelée *bière*. Pendant que cette action mutuelle a lieu, la température du liquide augmente, et cette augmentation dépend de la violence de la fermentation favorisée par la température de l'atmosphère environnante.

La chaleur qui se produit est aussi en raison du volume de la masse en fermentation, de la matière sucrée qu'elle contient, ainsi que de la proportion de levure qui est présente et de la température à laquelle le liquide est exposé. La cause de cette production de chaleur n'est nullement évidente ; car, d'après la théorie chimique, on devrait plutôt s'attendre à une production de froid, occasionnée par une conversion en matière gazeuse d'une aussi grande quantité de liquide.

Lorsqu'on commence à ajouter la levure, le moût est trouble et offre à peine un degré de transparence ; mais, à mesure que la fermentation s'opère, il se dépose par degrés une matière opaque ; la liqueur devient comparativement transparente et spécifiquement plus légère ; et ce changement est accompagné de la production de la quantité d'esprit, proportionnelle à la portion de matière sucrée contenue originairement dans le moût ; d'où l'on voit que la bière qui a été brassée avec une grande proportion de malt, est non seulement plus riche en goût, mais encore plus enivrante que la bière brassée avec une proportion moindre de malt. Comme l'esprit-de-vin est spécifiquement plus léger même que l'eau distillée, et, à plus forte raison, beaucoup plus que tout moût quelconque, il en résulte nécessairement que celles des particules opaques qui étaient aisément retenues en suspension dans le moût, avant la fermentation, doivent se précipiter promptement à mesure qu'elle s'opère ; et, par conséquent, la bière deviendra limpide et transparente.

Quand la fermentation est languissante, on l'accélère en l'excitant, c'est-à-dire, en faisant enfoncer dans la liqueur, pour l'y mêler de nouveau, la levure qui s'est rassemblée à la surface ; ou bien on élève la température de la liqueur, en la garantissant de l'accès de l'air extérieur. Dans quelques établissemens, on chauffe légèrement le liquide, au moyen de tuyaux à vapeur placés à cet effet au fond et dans l'intérieur des cuves à fermentation. On fait aussi usage, pour refroidir le moût, lorsque la température s'élève trop haut, d'un autre système de tuyaux, qu'on fait traverser par un courant d'eau froide.

La fermentation est plus active dans un temps

chaud et dans une grande masse que dans des circonstances opposées.

Lorsque la fermentation est subitement arrêtée par un abaissement de température, la bière devient ce qu'on appelle en termes de l'art, *grise*, c'est-à-dire qu'elle ne peut jamais s'éclaircir parfaitement. Une portion de la matière, qu'on a mal définie en l'appelant ordinairement mucilage, se répand à travers la bière, et aucune opération subséquente ne peut l'en séparer. Le moût préparé avec de l'eau chauffée à une température trop élevée, est particulièrement sujet à produire ainsi de la bière grise.

Lorsque la fermentation dans la cuve guilloire est achevée, ce qui a ordinairement lieu dans 40 ou 45 heures (mais cela dépend en grande partie de la température et de la force du moût), la pesanteur spécifique de la bière est considérablement diminuée, et la liqueur a acquis une qualité spiritueuse et enivrante. Le saccharomètre s'y enfonce alors beaucoup davantage qu'avant la fermentation. Cette *atténuation* est due, sans doute, à la décomposition de la matière sucrée et à la production d'esprit. La matière extractive et mucilagineuse du moût est aussi en partie détruite par la fermentation ; car ce moût a beaucoup perdu de sa consistance glutineuse, quoiqu'elle n'ait pas été aussi complétement privée de cette qualité que la matière sucrée ; c'est ainsi, par exemple, que plusieurs ailes ayant beaucoup de corps, conservent, en grande partie, leur viscosité primitive.

La durée du temps nécessaire pour que la fermentation soit parvenue à son maximum, varie suivant la densité du moût, la quantité de matière sucrée qu'il contient, et la température de l'atmosphère. Lorsque c'est du porter qu'on brasse, on laisse fermenter le moût dans la cuve guilloire, jusqu'à ce que la couche de levure qui flotte à la surface de la bière, et qu'on appelle la *tête*, cesse de s'élever, ou jusqu'à ce qu'elle ait pris une apparence floconneuse, compacte et uniforme. Dans la fabrication de l'aile, on laisse rarement la fermentation s'avancer jusqu'à ce terme.

C'est, en grande partie, de la manière de conduire convenablement la fermentation, que dépend la qualité de la bière ; et il n'y a pas, dans l'art du brasseur, d'opération sur laquelle on soit moins d'accord et qui exige autant d'attention. On doit avoir pour objet la force de la bière à obtenir.

Lorsque la liqueur contient une trop grande proportion d'eau, la fermentation est lente et difficile ; la bière est faible et tourne promptement à l'aigre.

La fermentation, au contraire, doit être prolongée en proportion de ce que le moût est plus épais, et la matière sucrée plus abondante.

5

Toutes choses égales d'ailleurs, le moût doit fermenter d'autant moins long-temps, qu'il contient moins de matière sucrée ; de là vient que la petite bière n'est que très peu fermentée.

Le point le plus essentiel est de connaître l'instant précis où la fermentation a été poussée assez loin, et les précautions qu'il convient de prendre pour empêcher qu'elle ne dépasse ce terme ; mais il n'est pas possible d'établir à cet égard une règle générale, qui soit applicable dans tous les cas, puisque le procédé doit varier et être modifié d'après les circonstances que nous avons déjà fait connaître. Le seul indice un peu certain auquel on puisse s'en rapporter pour connaître lorsqu'il est temps d'arrêter la fermentation, est fourni par l'examen attentif de la tête de la levure. On observe que la levure, lorsque la fermentation est bien active, commence à prendre promptement une couleur brune compacte, et devient rapidement plus colorée et plus dense ; de sorte qu'elle se précipiterait dans la bière ; à cette époque la fermentation de la bière est à peu près complète.

Si l'on a l'intention que la bière ait autant de corps qu'il est possible de lui en donner, qu'elle soit *dure*, on doit laisser la fermentation suivre lentement ses progès aussi long-temps que peut le permettre la richesse du moût ; mais si l'on veut une bière qui soit plutôt spiritueuse qu'ayant du corps, il faut arrêter la fermentation avant qu'elle soit complétement achevée.

En prenant en considération ces observations dans les cas particuliers auxquels on peut les appliquer, elles suffiront sans doute, à l'aide d'un peu de pratique, à toute personne ayant des connaissances ordinaires pour la mettre en état de se diriger dans les circonstances dont il s'agit. Quelque soin qu'on y apporte on ne fera pas de bonne bière avec de mauvais malt, mais certainement on ne fera pas non plus de bonne bière avec le malt de la meilleure qualité, si, dans sa fabrication, on ne met beaucoup de soin et d'attention. Ce n'est seulement, en effet, qu'au moyen d'une connaissance acquise des différentes circonstances qui se présentent dans le procédé de la fermentation, qu'en sachant comment on peut la retarder, l'accélérer ou la modifier, qu'en se mettant au fait des accidens auxquels elle est sujette, et de la manière dont on peut y remédier, qu'on pourra s'engager avec confiance dans une opération aussi obscure qu'elle est essentielle à la formation du produit dont nous traitons.

Dans la fabrication de l'aile et du porter, dont le moût a une pesanteur spécifique de 17,25, les brasseurs arrêtent, pour la plupart, la fermentation lorsque cette pesanteur spécifique est réduite à 7,8; et pour la bière de table à 6 ou 7. Ainsi donc, lorsque la bière est près d'arriver à son degré convenable d'*atténuation*, il faut surveiller la fermentation avec la plus grande attention, et l'arrêter au moment où la biere est réduite à cette densité moyenne requise.

L'aile et le porter, qui ont ordinairement une plus grande pesanteur spécifique, sont rarement atténués aussi bas. La bière commune, que l'on veut conserver long-temps avant de l'expédier, n'est pas réduite au-dessous de ce point.

Dans quelques établissemens néanmoins, on pousse encore plus loin la diminution spécifique ; mais on ne peut établir de règles fixes qui puissent servir dans tous les cas.

M. Richardson, dans son traité *of Brewing*, page 187, fait observer qu'il n'a jamais vu la pesanteur spécifique de liqueur de malt réduite au delà de la proportion des $\frac{2}{5}$ de la pesanteur spécifique du moût d'où la liqueur provenait ; en général cette proportion n'est que des $\frac{1}{4}$, et quelquefois elle est à peine de plus de $\frac{1}{7}$; et dans une autre partie de l'ouvrage, l'auteur dit qu'ordinairement elle est de quelque chose de moins que de la proportion des $\frac{2}{3}$.

La théorie de la conversion de la matière sucrée en un fluide vineux, et le phénomène qui l'accompagne, sont un des points de la chimie le plus enveloppé d'obscurité.

Pendant que la fermentation a lieu, il se dégage une quantité considérable de gaz acide carbonique, dont l'effet est nuisible lorsqu'il est introduit dans les poumons, et depuis long-temps. Cet air étant plus pesant que l'air atmosphérique, flotte sur la surface du liquide en fermentation, et occupe, quand ce liquide se répand hors de la cuve, la partie inférieure du lieu où la fermentation s'opère. Ce gaz paraît être le seul produit de la fermentation, résultant de tous les changmens remarquables qu'éprouve la matière sucrée du moût pour se convertir en un liquide vineux. L'excès de carbone de la matière sucrée se combine avec une portion d'oxigène, ce qui donne naissance au gaz acide carbonique, et les principes restans se trouvent être devenus dans la proportion convenable pour former l'esprit ardent ou alcool. La production du gaz acide carbonique est donc une conséquence nécessaire du procédé de la fermentation ; mais il n'est pas également nécessaire que ce gaz soit dégagé et séparé de la bière, car il en reste une grande quantité combinée avec ce liquide : ce gaz entraîne avec lui une portion d'alcool, soit à l'état de mélange, soit à l'état de combinaison, dont la véritable nature chimique n'a pas encore été bien déterminée. C'est une question qui présente quelque difficulté, de même qu'elle est aussi importante sous le point de vue de la théorie chimique ; mais qui, jusqu'à ce jour, n'a été résolue par aucune expérience directe. Il suffit, pour la pratique, que le fait soit connu. Indépendemment de la portion d'alcool qui est ainsi tenue en dissolution par le gaz acide carbonique, une très petite quantité de quelque matière végétale est volatilisée avec lui; car si l'on fait passer à travers de l'eau pure un courant du gaz développé pendant la fermentation de la bière forte, cette eau, par simple repos et par son exposition à l'air, se change en vinaigre, et dépose peu à peu une portion de gluten végétal ou de matière fibreuse.

Comme l'esprit ardent ou alcool doit principalement son origine à la matière sucrée du moût, il en résulte que sa quantité sera toujours proportionnelle à celle de la matière sucrée qu'il contient, ou plutôt que la production de l'une de ces deux substances sera en raison de la disparition de l'autre. Il est évident, d'après cela, que le moyen d'augmenter la force de la bière doit dépendre, dans le premier cas, de l'augmentation de la quantité de la matière sucrée. Il est rare que cette substance soit décomposée en totalité pendant le premier procédé de la fermentation, et on en retrouve fréquemment dans l'aile nouvelle et riche. Dans cette espèce de bière il reste une grande quantité de matière sucrée non décomposée, long-temps après qu'elle a été embarillée, et même mise en bouteilles : le goût seul suffit pour indiquer sa présence. Ce n'est que par une continuation très lente et insensible du procédé de fermentation qui s'opère dans la grande cuve à bière, ou dans les tonneaux qu'on en remplit, que la matière sucrée finit par disparaître entièrement, et la bière en définitive ne consiste qu'en alcool, modifié par sa combinaison avec de la matière extractive, en une petite portion d'acides acétique et malique, et dans une grande quantité d'eau.

Il n'est peut-être pas hors de propos de considérer ici les effets produits sur la bière par le séjour d'une portion de matière sucrée non décomposée ; quelques chimistes se sont persuadés que le fluide vineux ne devient point acide, tant qu'il y reste une portion de matière sucrée sans altération, et que la présence du sucre est un puissant préservatif pour empêcher la fermentation acéteuse d'avoir lieu.

Cette assertion paraît conforme à la vérité dans certain cas ; savoir, par exemple, lorsque le fluide vineux ne contient aucune substance essentielle au procédé de la fermentation ; car du sucre pur et de l'eau ne fermentent point ; mais quand il reste dans la bière une très petite quantité de matière fermentescible, qu'elle soit sous forme de levure non altérée ou de lie, la présence du sucre n'offre aucune garantie contre un changement subséquent

qui peut, finalement, convertir le tout en vinaigre. Dès que le procédé de l'acétification a une fois
commencé, il est difficile de l'arrêter. On peut le
suspendre ou le masquer par le mélange de nouvelle bière abondante en sucre, mais la liqueur est
encore altérée d'une manière irréparable, et à la
fin elle est gâtée et perdue.

Il a déjà été dit que le gaz acide carbonique paraît être le seul produit de fermentation auquel sont
dus tous les changemens remarquables qui ont lieu
par la conversion de la matière sucrée du moût en
un fluide vineux. Sir Thomas Henri adressa en
1785, à la Société littéraire et philosophique de
Manchester, un mémoire contenant des expériences et observations sur les fermens, sur la fermentation, et sur les moyens de l'éviter dans la drèche,
ou malt, sans le secours de la levure. Dans ce mémoire, sir Thomas Henri fait observer qu'ayant
appris par les expériences du docteur Priestley,
que du vin et de la liqueur de drèche, qui avaient
perdu leur force et leur goût, les reprenaient lorsqu'ils étaient imprégnés d'air fixe (gaz acide carbonique), il essaya d'imprégner de ce gaz de l'aile
faible, et il fut étonné de ne pas trouver que l'effet
ne fût pas produit sur-le-champ; mais qu'ayant
gardé cette aile ainsi imprégnée pendant quatre ou
cinq jours, dans une bouteille bouchée, elle se

trouva aussi forte que celle qui avait été conservée pendant plusieurs mois en bouteilles.

Sir Thomas Henri commença dès lors à soupçonner que le gaz acide carbonique était la cause de la fermentation, ou, en d'autres termes, que la propriété du levain, comme ferment, dépendait de la quantité de ce gaz qu'il contenait, et que le levain n'était autre chose que du gaz acide carbonique, enveloppé de la partie mucilagineuse de la liqueur fermentente. D'après ces idées, il se détermina à faire un levain artificiel.

A cet effet, après avoir fait bouillir de la fleur de farine dans de l'eau, jusqu'à consistance d'une gelée claire, il imprégna convenablement ce mélange de gaz acide carbonique, et lorsqu'il en eut absorbé une grande quantité, il le mit dans une bouteille exactement fermée, qu'il exposa ensuite à une chaleur modérée.

Le lendemain, le mélange était dans une espèce de fermentation, et le troisième jour il acquit tellement l'apparence du levain, qu'il y ajouta de la farine pétrie. La fermentation s'étant arrêtée au bout de cinq à six heures, il fit cuire le mélange, et en obtint un pain passablement fermenté.

Sir Thomas Heuri se détermina alors à faire une expérience plus démonstrative.

On sait que le moût obtenu du malt ne peut être à un état de fermentation qu'à l'aide d'un fer-

ment, et qu'on emploie toujours à cet effet de la
levure de bière ; si donc, en imprégnant du moût
avec du gaz acide carbonique, on peut le porter à
la fermentation vineuse ; si, à l'aide de cette fermentation, on peut produire de la bière ; et si
de cette bière on peut obtenir de l'esprit ardent ou
alcool, on pourra annoncer ce moyen comme en
étant un de se procurer promptement des liqueurs fermentées dans tous les climats et dans
toutes les situations.

Pour faire l'essai de ce moyen, sir Thomas Henri
se procura dans une brasserie huit pintes de moût
de bière très fort, ayant un goût piquant et désagréable, qui avait été préparé avec du mauvais
houblon, ou quelque chose pour en tenir lieu. Il
imprégna de gaz acide carbonique, au moyen
d'une machine convenable, une grande partie de
la liqueur ; elle en absorba promptement une
quantité considérable : lorsqu'elle fut ainsi imprégnée, il la mêla avec l'autre partie de la liqueur, et il versa le tout dans une grande cruche
de terre, dont l'ouverture était fermée avec un
linge, et il l'exposa à un degré de chaleur d'environ 80 degrés Fahrenheit (27 degrés centigrades);
au bout de vingt-quatre heures, la liqueur était
en pleine fermentation ; il commença à se rassem-
bler de la levure à sa surface, et le troisième jour,
la liqueur était convertie en une véritable bière.

Il la mit pendant une semaine environ dans un vaisseau de terre tel que ceux dont le peuple se sert pour conserver les liqueurs brassées ou fermentées ; il retira de ce vaisseau beaucoup de levure, qui se rassemblait à la surface, il la mêla avec de la farine, et il en fit ainsi d'aussi bon pain que celui qu'il aurait obtenu en employant une quantité égale d'une autre levure.

Le vaisseau ayant été alors fermé, sir Thomas Henri l'ouvrit au bout d'un mois, et il trouva que la liqueur était bien fermentée ; il prit la surface, et quoique le moût de bière eût un goût désagréable, cette bière était aussi bonne que celle qui se trouve ordinairement dans les brasseries.

Une portion de cette bière fut distillée, et elle donna de l'alcool ; mais le vaisseau ayant été cassé avant la fin de la distillation, la quantité ne put en être déterminée d'une manière certaine ; cependant elle ne paraissait pas différer beaucoup de ce qu'une quantité égale de bière ordinaire aurait fourni. On voit, dit sir Thomas Henri, que ces expériences fournissent le moyen d'obtenir en tout temps de la liqueur de malt bien fermentée ; et cette découverte pouvant être d'une grande utilité dans les brasseries, il la recommande à l'attention de ceux qui s'occupent de la fabrication de la bière.

M. Hermbstaedt considérant que quelquefois,

dans l'hiver, les brasseurs peuvent manquer de levure, a proposé, pour y suppléer, d'avoir recours à un levain artificiel dont il assure que l'efficacité a été reconnue par expérience, et il indique pour préparer ce levain, le procédé suivant : après avoir pris 2 livres de malt de froment bien sec et pulvérisé, 6 onces de malt d'orge broyé et séché au four, 4 onces de houblon, 4 onces de colle forte, 20 pintes d'eau de rivière, une pinte de bonne levure, on commence par faire bouillir le houblon dans 12 pintes d'eau jusqu'à réduction d'un tiers, on filtre la liqueur à travers un linge, puis on la laisse refroidir jusqu'à 100 degrés Fahrenheit (environ 38 degrés centigrades), et l'on y pétrit les farines dans les 8 pintes d'eau qui restent ; on fait dissoudre la colle, et l'on mélange cette dissolution avec les farines pétries à la chaleur de l'ébullition ; on laisse ensuite refroidir le mélange jusqu'à la température de 72 degrés Fahrenheit (environ 22 degrés centigrades), et l'on y ajoute le houblon. La masse commence bientôt après à fermenter ; et, au bout de vingt-quatre heures, elle est convertie en un très bon levain propre à être employé immédiatement. Si l'on prépare d'abord une petite portion de ce levain, elle peut servir à en préparer d'autre ; or ainsi, on pourra toujours s'en procurer la quantité dont on aura besoin. Ce levain artificiel, qui, suivant M. Hermbstaedt, est très propre à remplacer la levure, peut être conservé pendant plus de quinze jours, dans un endroit frais, sans éprouver d'altération ; il peut être employé par les brasseurs, les distillateurs, les boulangers, etc. dans la même proportion et avec le même succès que le levain naturel.

Les chimistes ont fait, dit le docteur Thomson (*Système de chimie*, 5ᵉ édition, traduction française, tome IV, pag. 417), beaucoup de recherches pour reconnaître la nature de la substance qui, dans la levure, produit l'effet si remarquable de convertir le moût dans la liqueur enivrante de l'espèce de bière appelée aile, et pour y découvrir, s'il est possible, d'autres matières. Westrumb obtint de 15,360 parties de levure de bière, savoir :

Potasse.	13
Acide carbonique	15
Acide acétique	10
Acide malique	45
Chaux	69
Alcool.	240
Extractif . . . . , ...	120
Mucilage . . . . !	240
Matière sucrée	315
Gluten	480
Eau	13,595

15,142

Il y trouva en outre quelques traces d'acide phosphorique et de silice ; mais il est évident que tous ces principes ne sont pas essentiels ; il paraît, d'après les expériences de Westrumb, que lorsque la levure est filtrée, il reste sur le filtre une matière qui a les propriétés du gluten ; que, lorsqu'on sépare cette substance, la levure perd la propriété d'exciter la fermentation, et qu'elle la reprend quand on lui rend le gluten. Il s'ensuit que cette matière glutineuse est le principe essentiel de la levure. Lorsqu'on garde celle-ci pendant quelque temps dans des vases de verre cylindriques, il s'en sépare une substance blanche analogue à la matière caseuse, et qui nage à la surface. Si l'on enlève cette substance, la levure perd la propriété d'exciter la fermentation. Cette substance a beaucoup des propriétés du gluten, quoiqu'elle en diffère sous d'autres rapports ; sa couleur est plus blanche, elle n'a pas la même élasticité, et ses particules n'adhèrent pas avec la même force ; elle se dissout aussi plus facilement dans les acides. Le docteur Thomson croit que c'est cette partie de la levure qui est le véritable ferment. On peut la considérer, dit-il, comme du gluten un peu altéré, et beaucoup plus disposé à se décomposer. Cette substance, qui existait sans doute dans le grain, avait dû subir des modifications considérables dans le procédé de préparation du malt ; et probablement pendant la fermentation de la bière, dont elle s'est séparée.

Il paraît aussi, ajoute le docteur Thomson, d'après des expériences de Fabroni, qu'il publia en 1785, dans son *Traité sur l'art de faire le vin*, qui mérita le prix proposé par l'académie de Florence, qu'une substance analogue au gluten est le vrai ferment. En chauffant le suc des raisins, et en le passant à travers un filtre, il en sépara une matière visqueuse, qui jouissait des propriétés du gluten. Le suc privé de cette substance refusait de fermenter ; mais lorsqu'on la lui rendit, la fermentation eut lieu comme à l'ordinaire. Les observations de M. Thénard confirment celles de Fabroni : il reconnut dans les sucs de tous les fruits qu'il examina, une substance semblable à celle décrite par Fabroni, et qui, suivant lui, est absolument la même chose que la levure pure. Cette substance est insipide. Elle n'altère pas les couleurs bleues végétales. Elle est insoluble dans l'eau ; elle perd par la dessication 75 pour 100 de son poids, perte entièrement due à l'eau qu'elle contient, et qui se volatilise. La substance ainsi desséchée est toujours propre à faire naître la fermentation ; elle n'est nullement décomposée ; et, dans cet état, elle peut se conserver indéfiniment sans s'altérer. On pourrait même, ainsi que le fait observer M. Thénard, profiter de cette propriété pour faire passer de cette levure ou ferment dans les lieux éloignés des brasseries, et avec lesquels les communications sont si difficiles, que du ferment frais n'y arriverait pas, surtout en été, sans être pourri. M. Thénard ayant distillé dans une petite cornue, en poussant le feu jusqu'à la fondre, huit parties de ce ferment, il en obtint 2,83 parties de charbon pour résidu, et elles fournirent. 1,61 parties d'eau, 1,81 parties d'huile, et une certaine quantité d'ammoniaque, qui, saturée d'acide muriatique, forma 1,46 parties de muriate. d'ammoniaque. Enfin, il recueillit 0,33 de gaz, contenant le cinquième de son volume d'acide carbonique, et qui étant séparé par la potasse, brûlait comme de l'hydrogène carboné, et exigeait pour sa combustion 1,5 fois son volume d'oxigène.

L'eau, à la température de 12 à 15 degrés, ne dissout pas $\frac{1}{100}$ de ferment; elle en dissout si peu, qu'après un contact de plusieurs heures, et étant bien filtrée, elle n'agit presque pas sur le sucre. L'eau bouillante lui fait éprouver une décomposition que M. Thénard se propose d'examiner ultérieurement.

L'acide nitrique, même étendu d'eau à 18 degrés, le décompose également; il se convertit en graisse, et il se dégage d'abord de l'azote mêlé d'acide carbonique, puis en même temps du gaz nitreux.

Quant à la potasse, elle se comporte avec cette substance de la même manière qu'avec les matières animales ; et les phénomènes, de part et d'autre, sont absolument les mêmes. Dans les deux cas, il se forme une matière savonneuse, et une grande quantité d'ammoniaque, qui se volatilise ; mais, de toutes les propriétés du ferment, nulle n'est si remarquable et si utile en même temps, et nulle, par conséquent, ne mérite autant d'être étudiée, que son action sur le sucre. Si on le mêle avec du sucre et une quantité suffisante d'eau, la fermentation a lieu. Il se dégage de l'acide carbonique et il se forme une liqueur vineuse. Par cette action, le ferment perd tout son azote, et il cesse d'être susceptible d'exciter la fermentation par une nouvelle portion de sucre.

D'après ce qui vient d'être dit, on peut, suivant le docteur Thomson, considérer la partie constituante essentielle de la levure, comme étant une espèce de gluten, qui diffère, sous plusieurs rapports, du gluten du froment. Mêlée avec le moût, cette substance agit sur la matière sucrée, la température s'élève, il se dégage de l'acide carbonique, et la matière sucrée se convertit en aile ou bière. La levure se rassemble promptement à la partie supérieure du liquide ; mais le brasseur le mêle de nouveau au besoin, pour que la fermentation continue. Comme la quantité de levure employée est petite, la matière sucrée ne se décompose qu'imparfaitement ; ainsi, il en reste encore dans la bière forte une très grande portion , qui lui donne du corps, et cette viscosité qui la caractérise. La pesanteur spécifique de l'aile varie beaucoup, suivant la force primitive du moût, et la durée du temps pendant lequel la fermentation a été prolongée ; elle est ordinairement de 1,035 à 1,012.

L'aile ou la bière forte, dans cet état, a des qualités enivrantes, et tient une certaine quantité d'alcool en dissolution. Cette quantité d'alcool varie considérablement suivant la force première du moût. Le docteur Thomson distilla de l'aile brassée à Londres ; la pesanteur spécifique du moût était de 1,0676 ; la pesanteur spécifique de l'aile était de 1,0255. 100 parties de cette aile lui donnèrent 9,354 parties d'esprit de preuve d'une densité de 0,91,985, ou 5,817 parties d'alcool de la densité de 0,825.

Il distilla un autre échantillon d'aile ; la pesanteur spécifique du moût était de 1,0813 ; la pesanteur spécifique de l'aile après la fermentation était de 1,02,295. 100 parties en poids de cette aile donnèrent 11,13 parties d'esprit de preuve, ou 9,92 parties d'alcool, d'une pesanteur spécifique de 0,825.

M. Brande annonça, dans les *Transactions phi-*

losophiques, 1811, page 345, avoir distillé de l'aile et de la bière forte brune ; la quantité d'alcool qu'il retira de ces liqueurs fut en mesure, savoir : bière forte brune, 680 pour cent ; aile, 8,88 *idem.* En réduisant ce produit en poids, la quantité d'alcool, de la pesanteur spécifique de 0,825, obtenue de chacune de ces bières, fut, savoir : bière forte brune 5,61 pour cent ; aile, 7,33, *idem.*

Lorsqu'on expose à la température convenable un mélange de sucre dissous dans quatre fois son poids d'eau et de levure, le sucre fermente précisément comme le moût, et fournit les mêmes produits. Les chimistes se sont donc servi de cette substance, comme d'un moyen moins compliqué pour reconnaître les phénomènes de la fermentation. M. Thénard mêla ensemble soixante parties de levure avec trois cents parties de sucre, et il fit fermenter le mélange à la température de 59 degrés Fahrenheit (15 degrés centigrades). Ce chimiste annonce que, dans l'espace de quatre à cinq jours, toute la matière sucrée avait disparu, assertion, cependant, que le docteur Thomson regarde comme douteuse, parce que cela n'arrive jamais dans les opérations faites en grand, ou tout pourtant, dit-il, est beaucoup plus favorable. Il se dégagea, pendant cette fermentation, 94,6 parties en poids d'acide carbonique, complétement absorbable par l'eau, et, par conséqueut, parfaitement pur; le liquide fermenté donna à la distillation 171,5 parties d'alcool de 0,822 de pesanteur spécifique. En évaporant le résidu de la distillation, M. Thénard obtint douze parties d'une substance acide nauséabonde, et il restait encore 40 parties de la levure; mais en l'examinant, M. Thénard reconnut que cette levure avait perdu en totalité son azote. Cette expérience donna les produits suivants:

1°. Substances fermentées,

Sucre. 500
Levure. 60
_____
560

2°. Produits de la fermentation,

Alcool de 0,822. 171,5
Acide carbonique. 94,6
Résidu nauséabond. 12,0
Résidu de levure. 40,0
_____
318,1

Perte. 41,9

Mais comme le résidu nauséabond et le résidu de levure forment presque la totalité de levure employée, on ne considère que les produits du sucre décomposé, en supposaut la perte proportionnellement divisée entre l'acide carbonique et l'alcool. Or, l'alcool de la densité de 0,822 contient un dixième de son poids d'eau, qu'on peut en séparer; et, si l'on suppose avec Saussure que l'alcool absolu contient 8,3 pour cent d'eau, alors les produits du sucre décomposé par fermentation, suivant l'expérience qui précède, sont :

Alcool.	47,70
Acide carbonique.	55,34
	83,04

Ou, sur cent parties,

Alcool.	57,44
Acide carbonique.	42,56
	100,00

Ce résultat se rapproche de si près de celui de Lavoisier, qu'il y a lieu, dit le docteur Thomson, de soupçonner que la coïncidence est plus qu'accidentelle.

On peut donc conclure que le sucre est un composé de

5 atomes oxigène.	5
6 atomes carbone.	4,5
5 atomes hydrogène.	0,625
	10,125

L'alcool paraît être un composé de

1 atome oxigène. 1
6 atomes carbone. 1,5
3 atomes hydrogène. . . . . . . , . . 0,375

——————

2,875

Et l'acide, de

1 atome oxigène. 1
1 atome carbone. 1,5

——————

2,5

En supposant actuellement qu'un atome de sucre et un atome d'eau sont décomposés par la fermentation, il est évident qu'ils ont dû être convertis en 2 atomes alcool, et 2 atomes acide carbonique ; car un atome d'alcool et un atome d'eau sont composés de 6 atomes oxigène, 6 atomes carbone, 6 atomes hydrogène ; 2 atomes alcool consistent en 2 atomes oxigène, 4 atomes carbone, 6 atomes hydrogène ; 2 atomes acide carbonique, en $\frac{4}{7}$ oxigène, $\frac{2}{6}$ carbone, $\frac{0}{6}$ hydrogène.

Dans cette supposition, le poids de l'alcool, qui s'est développé, doit être de 5,75, et celui d'acide carbonique, 5,5 ; ou, pour cent,

Alcool. 51,12
Acide carbonique. 48,88

——————

100,00

Fabroni reconnut, dit le docteur Thomson, que le gluten du froment n'agit que très imparfaitement comme ferment ; mais qu'une addition de tartrate acide de potasse le rendait, sous ce rapport, beaucoup plus efficace. Berthollet répéta ces expériences qui eurent un plein succès. Ce savant attribue l'efficacité du tartrate acide de potasse à la propriété qu'il a de faciliter la dissolution du gluten. Il est vrai qu'il se produit ordinairement un acide pendant la fermentation, et l'on a attribué sa formation à l'action de la levure sur les parties amylacées ou mucilagineuses du moût ; mais il paraît, d'après les expériences de Fourcroy et de M. Vauquelin, que cet acide se manifeste toujours, lorsqu'on fait fermenter le moût sans levure. Dans ces essais, ces savans n'obtinrent que du vinaigre et point d'alcool. Lorsqu'on fait fermenter sans levure, à la température de 80 degrés Fahrenheit (environ 27 degrés centigrades), le moût, soit du grain cru, soit du malt, le gaz qui se dégage consiste, par parties égales de moitié, en gaz carbonique et en gaz hydrogène ; mais, à une température plus basse, le moût pur ne fournit aucun gaz inflammable.

Il a été fait sans succès par plusieurs chimistes des plus habiles, un grand nombre d'expériences sur la fermentation, ayant toutes pour objet de chercher à reconnaître ce que devient l'azote du ferment décomposé. Théodore de Saussure avait annoncé dans ses premières recherches sur la composition de l'alcool, que cet azote en faisait partie ; mais dans ses nouvelles observations sur le même sujet, il a reconnu que la composition de l'alcool était telle qu'on vient de l'établir ; de sorte qu'il faut supposer que ce principe entre dans la composition de l'acide carbonique.

CLARIFICATION DE LA BIÈRE.

C'est la dernière opération du procédé de fabrication de la bière. Si on laissait la bière dans la *cuve guilloire*, elle ne tarderait pas, étant devenue vineuse à raison de l'esprit ardent qui s'est développé pendant la fermentation, à dissoudre une portion de levure, qui continue encore à s'en séparer, et il en résulterait une saveur amère désagréable que les brasseurs désignent par le nom de *amer de levure*. Pour prévenir cet effet, on décante la bière de la cuve guilloire dans des tonneaux plus petits, où elle continue à fermenter et à abandonner, pendant quelque temps, une portion de levure. Lorsque les tonneaux sont remplis, on fait écouler immédiatement à mesure de formation, la tête ou le chapeau de la levure qui s'élève ; la bière se trouve ainsi débarrassée de ses lies ou féces, la décomposition de la matière sucrée est rendue plus complète, et par suite la production de l'esprit qui avait commencé dans la cuve guilloire.

Les vaisseaux à clarifier, dans lesquels s'effectue la séparation de la levure, sont disposés en rangées de quatre ou six, communiquant à une rigole commune, qui conduit la levure dans une recette placée au-dessous des vaisseaux à clarifier. L'arrangement de ces vaisseaux est souvent tel, que leur partie supérieure se trouve au-dessous de la base d'un grand vaisseau destiné à les remplir de bière, dans la proportion de ce que la décharge de la levure par les tonneaux à clarifier peut le rendre nécessaire. *Le grand vaisseau de remplissage* est en conséquence muni d'un flotteur servant à régler le niveau du fluide, et qui, lorsque ce niveau, dans la disposition des vaisseaux, change, fait ouvrir une soupape, et admet ainsi la quantité de bière nécessaire pour remplir tout-à-fait les vaisseaux à clarifier plus petits.

Le moyen qu'on emploie pour se débarrasser de la levure dans le *vaisseau de remplissage* plus grand, èst également simple. On fait flotter sur la surface de la bière qu'il contient, un disque de fer garni dans son centre d'un tuyau qui descend à travers le fond du grand vaisseau, où il est fermé à l'air extérieur en traversant un collet de cuir tellement ajusté, qu'il peut glisser en bas à

mesure que la surface de la bière s'abaisse dans le
vaisseau. Par ce moyen la levure, dès qu'elle arrive sur le bord du disque, est forcée de passer
à travers le tuyau et de s'écouler dans un cuvier
placé au-dessous. Dans quelques établissemens
on a adopté d'autres moyens, mais mis en action
sur le même plan. Les vaisseaux à clarifier dont
on fait usage ne sont souvent que de grands tonneaux ayant la forme de cloches, établis par rangées de quatre ou six : à la tête de chacune de ces
séries de tonneaux est adaptée une espèce de trémie pour recueillir la levure, et la décharger dans
une recette commune placée au-dessous, et les
tonneaux sont réunis entre eux par des tuyaux, de
manière qu'ils peuvent promptement et facilement
s'emplir.

Il est des brasseries où la clarification de la
bière ne s'opère pas dans des vaisseaux destinés à
ce seul usage, mais tout simplement dans des barils ordinaires, placés sur des chantiers creusés
en auge, ou espèces de chéneaux; on pose les
tonneaux, la bonde un peu inclinée d'un côté, afin
que la levure, à mesure qu'elle se décharge, puisse
couler promptement sur le côté des tonneaux,
et se rendre dans la recette placée au-dessous.

A mesure que la bière diminue dans les tonneaux, on a soin de les achever de remplir afin
de ne pas laisser flotter la tête de la levure au-

dessus de la liqueur, et de l'obliger à s'écouler dès qu'elle est produite.

Si la bière travaille vivement, on devra remplir ainsi les tonneaux, une fois au moins toutes les deux heures, pendant les dix ou quinze premières heures. Après ce temps, la fermentation n'aura probablement lieu que d'une manière très lente ; et, par conséquent, on peut alors apporter moins d'attention aux tonneaux ; il faut avoir soin néanmoins de les tenir complétement remplis jusqu'à ce que toute fermentation ait visiblement cessé, ce qui exige de 40 à 60 heures, suivant la force de la bière, la quantité de levure ajoutée, et la température de l'atmosphère environnante.

Ce mode de clarification de la bière est ordinairement celui qu'on suit lorsqu'on brasse dans l'été ; mais dans quelques établissemens, la clarification se fait, pendant toute l'année, dans des barils plus grands, ou *vaisseaux à clarifier*.

L'effet de la clarification de la bière est évidemment, ainsi que nous l'avons déjà fait entendre, de modérer la fermentation, et de permettre aux changemens qui s'opèrent dans la constitution de la bière d'avoir lieu tranquillement ; et le meilleur moyen pour parvenir à ce but, est de diviser en petites parties la masse à fermenter. Si on laissait la fermentation s'opérer dans la cuve guilloire, la chaleur qui se développe pendant qu'elle a lieu, occasionnerait la dissipation d'une grande quantité de l'alcool produit, et la bière deviendrait fade, éventée, et sujette à se gâter ; elle perdrait en outre son odeur agréable, et le tout deviendrait aigre, à moins que la quantité de matière fermentescible dans le liquide ne fût considérable ; et c'est par cette raison que les moûts faibles tournent promptement à la fermentation acéteuse, à moins que l'on ne maintienne la température de la masse en fermentation au-dessous de 70 degrés Fahrenheit (environ 21 degrés centigrades).

DE LA MISE DE LA BIÈRE EN BARILS.

Lorsque la fermentation a cessé, et que la bière est devenue transparente, on la décante de dessus ses lies dans des tonneaux qui sont bondonnés et placés dans le magasin qui s'appelle, en terme de brasseur, l'entonnerie ; mais on doit les visiter tous les jours, et y laisser arriver au besoin un peu d'air, surtout dans l'été ; ou bien encore la bière est d'abord pompée dans une citerne, et de là, dans des espèces de foudres, ou vaisseaux d'une dimension immense, ayant ordinairement de cinq à douze mètres de diamètre sur cinq à six mètres de profondeur, et souvent de la contenance de cinq à six mille barils (7 à 8 mille hecto-

litres). Dans quelques établissemens on a adopté
pour emmagasiner la bière de grandes caves vou-
tées en arceaux, construites en pierre, et revê-
tues en stuc.

Ces grandes caves voûtées contribuent puissamment avec le temps à l'amélioration de la bière,
à raison de l'uniformité de température qui se
maintient facilement dans d'aussi grandes masses
de liquide; car rien n'est plus susceptible de faire
gâter la bière que des changemens de température ayant subitement lieu. Les cuves où l'on em-
magasine la bière sont toujours placées dans l'endroit le plus frais de l'établissement; elles sont
garanties de l'excès de l'air et munies d'une soupape.

DU COLLAGE DE LA BIÈRE.

Lorsqu'on ne peut pas attendre que la bière devienne claire, c'est-à-dire qu'elle ait spontanément déposé la petite portion de matière glutineuse qui s'y trouve suspendue en flocons, et qui
lui donne un aspect nuageux avec une couleur
plus ou moins foncée, on la *colle*, c'est-à-dire
qu'on la traite avec une dissolution de colle de
poisson; mais, lorsque la bière a bien fermenté,
elle se clarifie d'elle-même; ainsi, lorsqu'un dé-
bitant de bière en a qui tend à devenir trouble,
il y ajoute dans le tonneau une proportion conve-

nable de collage. La dissolution étendue de la colle de poisson se combine avec la matière féculente qui flotte dans la bière, et elle forme ainsi, à la surface du liquide, une espèce de réseau qui, se précipitant par degrés vers le fond, entraîne avec lui, comme le ferait un filtre, toutes les impuretés de la liqueur. Le collage se prépare de la manière suivante. On met dans un cuvier ou baquet de bois, jusqu'au tiers environ de sa capacité, des rognures de livres, ou une feuille de colle de poisson, et on achève de le remplir avec de bonne petite bière vieille, qui dissout bientôt la colle de poisson. On passe alors la dissolution à travers un tamis pour en séparer ainsi tous les morceaux durs. La masse est alors réduite, par l'addition d'une nouvelle quantité de bonne bière piquante, à la consistance convenable pour en faire usage. Pour la mettre dans cette espèce d'état de gelée, on remue la bière avec un bâton, dont le tiers entre dans le liquide avant d'y mettre la dissolution ; et après l'y avoir mise, et avoir bien remué la bière dont on a fait usage, on obtient dans quelques heures l'effet désiré, et la liqueur peut être alors décantée, claire et limpide. La proportion ordinaire, dans l'emploi du collage, est d'environ un demi-litre par baril (136 litres) de bière. Cependant, il en faut quelquefois un litre ou un litre et demi, suivant la force de la dissolution de la colle de poisson, et selon que la bière est plus ou moins trouble.

Il peut arriver que cette opération du collage, telle que nous venons de la décrire, ne réussisse pas; on doit alors y mettre la même quantité de dissolution de colle de poisson, dans laquelle on ajoute de 4 à 6 onces d'acide sulfurique. Il se trouve des bières si difficiles à clarifier, qu'on est obligé d'employer jusqu'à 3 gallons (environ 12 litres) de dissolution de colle de poisson et 8 à 10 onces d'acide sulfurique.

Il y a quelquefois des bières qui ont été tellement altérées par la décomposition, et qui tiennent en dissolution tant de principes extractifs et mucilagineux, que la clarification devenant, pour ainsi dire, impossible, on n'a d'autre moyen à employer que celui de se borner alors à masquer les défauts; ce que, dans ce cas, on peut employer avec le plus d'avantage est la garance; 3 ou 4 onces de cette racine suffisent pour un butt (477 litres) de bière.

Les bières qui ont été gardées long-temps sont sujettes à devenir d'une acidité désagréable; c'est alors le cas d'avoir recours aux substances alcalines; on peut donc y ajouter de 8 à 10 onces de potasse, ou bien de la chaux vive, en quantité suffisante pour absorber l'acide. On peut aussi employer avec succès de 2 à 6 livres de mélasse, non seulement pour masquer l'acidité, mais même pour donner un goût agréable à la bière.

Tels sont les principaux moyens qu'on peut employer pour remédier aux accidens qu'éprouvent principalement les ailes ou bières fortes. Il est bien reconnu que les bières faites avec le malt pâle doivent se clarifier d'elles-mêmes, et que toute bière mise claire en bouteilles, ne doit plus craindre la fermentation, et, par conséquent, d'altération; mais il n'en est pas de même lorsque cette bière est en quart ou en tonneau, parce que ces vaisseaux ne sont jamais assez hermétiquement bouchés pour empêcher l'accès de l'air atmosphérique. Ces bières exigent donc, pour les conserver en bon état, tous les soins qui ont été indiqués.

DESCRIPTION DU SACCHAROMÈTRE ET DE LA MANIÈRE DE S'EN SERVIR DANS L'ART DU BRASSEUR.

On a déjà dit qu'on détermine la densité du moût de malt, ainsi que sa pesanteur spécifique finale, après qu'il a bouilli avec le houblon, au moyen du saccharomètre, qui n'est autre chose qu'un hydromètre. Cet instrument est la boussole qui sert de guide aux brasseurs; et c'est par son usage que les opérations de cet art ont été portées à un degré de précision et de certitude que, sans le secours de ces instrumens, elles n'auraient jamais atteint.

Les saccharomètres, dont on a adopté l'emploi dans divers établissemens de brasserie, ne diffèrent les uns des autres que d'un très faible degré dans leurs indications ; on peut se servir de tous avec un égal avantage, quoiqu'ils ne présentent pas tous la même promptitude d'opération.

Les saccharomètres dont on fait usage sont ceux de Dicas, de Quin et de Richardson ; mais l'instrument imaginé et construit par Dring et Fage est incontestablement le plus parfait, le plus convenable et le plus simple.

Pour bien comprendre le mode d'action de ces instrumens, il faut se rappeler que le moût de bière consiste dans une certaine quantité d'extrait solide, ou matière sucrée fermentescible, combinée avec de l'eau.

Le saccharomètre de Dicas a été imaginé et construit pour indiquer le nombre exact de pounds (453 kilog. 40 gr.) contenus dans 36 gallons (environ 136 litres) de moût, dont chaque pound (chaque quantité de 453 kilog. 40 gr.) occupe l'espace de la six centième partie d'un gallon (environ 4 litres) d'eau.

Les instrumens de Quin, de Richardson, de Dring et de Fage font simplement connaître l'augmentation de densité dans un baril (136 litres) de moût produite par la différence entre le poids de l'extrait sucré et le poids de l'eau ainsi déplacée.

En prenant le terme moyen des indications des instrumens de Quin, de Richardson, de Dring et de Fage, chaque pound (livre de 453 kilog. 40 gr.) additionnel de densité qu'acquiert l'eau, indique la présence de 2 6 livres (1 kil. 178 gr.) d'extrait solide, d'après la règle de Dicas. Ainsi, dans le langage des brasseurs, un moût d'une densité 30 livres (13 kilog. 600 gr.) par baril (156 litres), contient 78 livres (55 kilog. 365 gr.) de matière solide fermentescible, ou extrait sucré; ce qu'on reconnaît au premier coup d'œil, à l'aide du saccharomètre de Dring et Fage, et aussi de celui de Dicas.

Un baril ou 36 gallons (156 litres), [mesure de bière] d'eau distillée ou d'eau de pluie, à la température de 60 degrés Fahrenheit (15,5 degrés centigrades), pèse 367, 2 livres (166 kil. 488 gr.), au taux de 1000 onces par pied cube (28 kilog. 340 gr. par 28,31 décimètres cubes); mais, comme on emploie principalement dans les brasseries de Londres de l'eau de pompe ou de puits, qui est un peu plus pesante, on se rapprochera davantage de la vérité en fixant à 369 livres (167 kilog.) le poids d'un baril, ou de 136 litres de cette eau; d'où l'on voit que ce qu'on appelle un baril de moût de 3o livres (13 kilog. 6oo gr.) pèse réellement 3gg livres (près de 181 kilog.), se composant de 36g livres (167 kilog.) d'eau et de 3o livres (13 kilog. 6oo gr.) dues à l'addition du moût. Si maintenant on examine ce moût avec le saccharomètre de Dicas, on trouvera que les parties constituantes d'un baril, ou de 136 litres de ce moût, consistent en 78 livres (35 kilog. 365 gr.) de matière fermentescible ou d'extrait solide qui occupent l'espace de 4,68 gallons (environ 18 litres) du liquide, à raison de 0,68 de parties par chaque livre (ou chaque quantité de 455 gr. 4o) et en 31,32 gallons (118,546 litres d'eau.) Cette quantité d'eau pèse à raison de 10, 25 liv. (4 kilog. 647 gr.) par gallon (3,785 litres), 321 livres (145 kilog. 54o gr.); ajoutant à ce nombre l'extrait du poids de 78 livres (35 kilog. 365 gr.), on retrouve le poids total de 3gg livres (181 kilogram.), précisément comme l'indiquent tous les autres saccharomètres ci-dessus dénommés.

Pour rendre encore cette méthode plus exacte, M. Baverstock fit évaporer à siccité complète un quart (0, 946 litres) de moût cru, indiquant au saccharomètre de Dicas 76 livr. (34 kilog. 685 gr.) de matière fermentescible; et comme le résidu ne pouvait pas se détacher du vaisseau évaporatoire, on équilibra le tout dans une balance; le poids était de 24,25 onces (687,25 gr.). Le vaisseau, après avoir été bien nettoyé avec de l'eau chaude, qui fit repasser l'extrait à l'état de moût, pesait 15,75 onces (446,355 gr.), ce qui indiquait que la quantité de matière fermentescible ou d'extrait solide contenu dans le quart (0,946 litres) de moût était de 8, 5 onces (240, 890 gr.) qui, multiplié par 144, le nombre de quarts contenus dans un baril, donne 1224 onces ; total qui, divisé par 16, produit 76,5 livres (34 kilog. 688 gr.).

Des divers saccharomètres qui ont été imaginés et construits, c'est celui de Dring et Fage dont les brasseurs ont le plus généralement adopté l'usage.

La description de cet instrument, telle que l'auteur la présente, étant peu intelligible, on a cru convenable de la supprimer.

DE LA FABRICATION DU PORTER, DE L'AILE ET DE LA BIÈRE DE TABLE.

Le *grist*, ou grain moulu, que les brasseurs de Londres emploient ordinairement à la fabrication du porter, est composé de parties égales de malt brun, de malt ambré, et de malt pâle. Les proportions, cependant, ne sont pas absolument essentielles ; car, dans un des établissemens les mieux dirigés de Londres, le grist ou grain moulu est formé d'un cinquième de malt pâle, de pareille quantité de malt ambré, et de trois cinquièmes de malt brun. On ajoute ordinairement une petite quantité de malt noir, pour donner à la bière une couleur brune. Un boisseau de 8 gallons (environ 31 litres) est considéré comme devant suffire pour 36 boisseaux (environ 1,090 litres) ; mais l'addition de ce malt n'est pas indispensable dans la fabrication du porter.

DE LA QUANTITÉ D'EAU A EMPLOYER POUR FAIRE INFUSER LE GRIST, OU GRAIN MOULU, ET DU TEMPS PENDANT LEQUEL IL EST NÉCESSAIRE DE PROLONGER L'INFUSION AVANT DE LAISSER ÉCOULER LE MOUT DU GRIST.

Les proportions d'eau et de grist adoptées par les brasseurs de Londres, sont celles suivantes : la première infusion se fait dans la proportion d'un baril et demi, ou 54 gallons (environ 204 litres) d'eau, par chaque quarter, ou 8 boisseaux (environ 248 litres de malt). Pour la seconde infusion, on employe un baril et un quart, ou 45 gallons (environ 170 litres) d'eau par chaque quarter, ou 8 boisseaux de malt. Pour la troisième infusion, les proportions sont d'un baril, ou 36 gallons (environ 136 litres) d'eau par quarter, ou 8

8

boisseaux de malt ; enfin, pour la quatrième infusion, on met un demi-baril, ou 18 gallons (environ 68 litres) d'eau par quarter de malt.

Ces proportions d'eau et de grist, ou grain
moulu, produisent ce que les brasseurs appellent
des infusions *courtes* ou *fermes* (concentrées),
dont l'effet est de favoriser puissamment l'opération subséquente de la cuisson du moût ; et, en
outre, plus l'infusion est concentrée, plus le
moût s'écoule clair du malt, et plus tôt il se coagule
ou *s'écaille* dans la chaudière : dans quelques établissemens, on emploie de beaucoup plus grandes
proportions d'eau pour faire infuser une quantité
donnée de grist, ou grain moulu ; chaque opération d'infusion, lorsqu'on l'active au moyen d'une
machine, dure de trois quarts d'heure à une
heure ; et on laisse ordinairement reposer le tout
pendant trois quarts d'heure ou une heure avant
de faire écouler le moût dans le vaisseau placé au-
dessous. La machine avec laquelle on agite l'infusion fait deux révolutions dans trois minutes,
dans une cuve-matière de 20 pieds de diamètre ;
mais sa construction est telle, qu'on peut, au
besoin, en augmenter, ou en diminuer la vitesse.

TEMPÉRATURE MOYENNE DE L'INFUSION.

La température moyenne de l'eau d'infusion du grist, ou grain moulu de porter, est de 175 à 180 degrés Fahrenheit (79 à 82 degrés centigrades); ceux des brasseurs qui dirigent le mieux leurs opérations, travaillent, en général, à la température la plus basse. Il faut avoir égard à la quantité de malt qu'on met à la fois en infusion, par la raison qu'une grande infusion conservera beaucoup plus long-temps sa chaleur qu'une plus petite, et que par conséquent elle peut se faire à une température moins élevée; la chaleur de l'eau devrait être calculée d'après la nature du grist, de manière à produire un moût sucré ayant la couleur du malt d'où il est provenu, et qui, en même temps, soit transparent lorsqu'il arrive dans le vaisseau placé au-dessous. Dans quelques brasseries, on ne porte jamais la température du premier moût au-delà de 150 degrés Fahrenheit (environ 65 degrés centigrades); et cette chaleur est ordinairement poussée jusqu'à 185 degrés Fahrenheit (85 degrés centigrades).

TERME DE DENSITÉ DE MOUTS DE PORTER, D'AILE ET
DE BIÈRE DE TABLE, OU NOMBRE DE BARILS DE
DIVERSES ESPÈCES DE BIÈRE, QU'ON OBTIENT ORDI-
NAIREMENT D'UNE QUANTITÉ DONNÉE DE GRIST, OU
GRAIN MOULU.

La quantité de porter obtenue d'un quarter, ou
de 8 boisseaux de malt d'une qualité moyenne,
est de deux et demi à trois barils 90 à 108 gallons
(de 340 à 408 litres), et celle de 7 à 8 pounds (3 à 4
kilog.) de houblon, sont généralement considérées
comme devant suffire pour un quarter, ou 8 boisseaux (environ 248 litres) de malt ; d'où il suit
que la pesanteur spécifique moyenne finale du
moût pour le porter ordinaire, avant qu'on l'ait fait
passer dans la cuve à fermenter, est de 17,25 à
17,50 livres (environ de 7 à 8 kilog.) par baril
de 36 gallons (136 litres) ; dans quelques établissemens, elle est de 18 livres (8 kilog.) par baril
de 136 litres. Lorsqu'il s'agit de porter qu'on a
l'intention de garder, ou de bière à conserver en
magasin, la densité finale du moût est ordinairement de 21,25 à 22,50 livres (de 9 à 10 kilog.)
par baril de 136 litres ; et le porter qu'on brasse
pour être exporté dans un climat chaud, se fait
avec un moût dont on porte la densité à 23,50
livres (à 10 et 11 kilog.) par baril.

La pesanteur habituelle du fort porter brun, avant qu'on en ait chargé la cuve guilloire ou à fermentation, est de 25,25 à 25,50 livres (de 11 à 12 kilog.), et quelquefois même cette pesenteur spécifique s'élève jusqu'à 57 et 28 livres (à 12 à 13 kilog.) par baril.

La pesanteur spécifique du moût d'aile *commune* ou d'aile de table, avant d'avoir été mêlée avec la levure et mise à fermenter, est de 17,5 à 18,5 livres (8 à 9 kiliog.) par baril. On retire ordinairement 100 barils 3,600 gallons (136 hect.) d'aile à boire de suite, et 30 quarters, ou 240 boisseaux (environ 31 hect.) de malt, pourvu que le malt produise au moins 68 livres (environ 31 kilog.) de matière fermentescible ; ce qui donne une densité de 18,5 livres (de 8 à 9 kilog.) par baril. La densité moyenne du moût de la *meilleure* aile de table de Londres est de 24,50 livres (de 11 kilog.) par baril de 36 gallons (136 litres).

Si l'aile est destinée à être mise en bouteilles, ou bien à être exportée dans un climat chaud, il est d'usage de lui donner une pesanteur spécifique moyenne de 25,50 à 26 livres (de 11 à 12 kilog.) par baril de 36 gallons (136 litres), et la densité finale habituelle du moût de l'aile la plus forte de Londres, destinée à être mise en bouteilles, est de 27 à 28 livres (de 12 à 13 kilog.) par baril.

La pesanteur spécifique finale ordinaire du moût de la meilleure bière de table, est de 11,25 à 12,50 livres (de 5 à 6 kilog.) par baril, ou 36 gallons (136 litres).

DE LA MANIÈRE D'ÉTABLIR LE TERME DE DENSITÉ FINALE DES MOUTS DE PORTER, D'AILE ET DE BIÈRE DE TABLE, DANS L'OPÉRATION DE LA CUISSON DU MOUT AVEC LE HOUBLON.

Lorsque les infusions sont terminées, et qu'on a décanté le moût du grist, ou grain moulu, dans le vaisseau qui doit le recevoir, on en évalue la quantité en jaugeant l'espace que ce moût occupe, et en le rapportant à une table qui représente la capacité du vaisseau. Le brasseur juge, à la simple inspection, du nombre de barils, ou de la quantité de moût que le vaisseau contient; or, en multipliant la pesanteur spécifique du moût par son volume, il trouve la somme ou l'aggrégat de la matière fermentescible de ce moût; en faisant ensuite l'addition des diverses quantités qu'il en obtient successivement, et aussi des différentes sommes de matière fermentescible, puis divisant la première de ces sommes par la seconde, le quotient est la densité moyenne du moût *cru*, avant d'avoir subi l'ébullition avec le houblon.

Lorsque le premier moût a bouilli avec le houblon, on détermine sa densité, ainsi que sa quantité, en le transférant des rafraîchissoirs dans la cuve guilloire; à cet effet, on les jauge au moyen d'une règle divisée en centimètres et millimètres; et en rapportant ensuite cette jauge à une table de contenances calculées pour les rafraîchissoirs, et notant la quantité qui correspond à la hauteur du moût dans ces rafraîchissoirs, le brasseur connaît le volume du moût cuit mis en baril. Ayant ensuite déterminé sa pesanteur spécifique, on multiplie par elle le volume pour connaître la quantité réelle de matière fermentescible, contenue dans le moût cuit, de la même manière qu'on l'avait fait pour le moût *cru*, dans le vaisseau ou recette, avant sa cuisson avec le houblon. Le jaugeage du moût exige quelques précautions : dans de grands rafraîchissoirs dans lesquels un volume de 50 ou de 100 barils, 1,800 ou 3,600 gallons (68 ou 136 hectol.) de moût, n'occupe peut-être pas plus d'un pouce (25,4 millimètres) de hauteur dans les vaisseaux, on risque de faire erreur dans l'évaluation de la quantité en jaugeant le volume du moût ; car si la règle qu'on y plonge à cet effet est parfaitement sèche, et le moût froid, le liquide se déprimera un peu en dedans de son niveau, en suivant l'immersion de la règle, de manière à former autour d'elle une concavité visible, et cette cause peut quelquefois faire paraître moindre d'un dixième de pouce (près de 3 millimètres) la hauteur réelle du liquide dans le rafraîchissoir. Si, au contraire, la règle à jauger est humide, le moût sera attiré et soulevé par elle au-dessus du niveau du liquide ; et, par conséquent, la quantité indiquée sera plus grande que celle véritable dans le rafraîchissoir. C'est pour obvier à ces inconveniens qu'on a coutume de ne jauger le moût que dans la cuve guilloire, afin de pouvoir en déterminer le volume exact avec plus de certitude.

Le brasseur reconnaît de la même manière le volume et la densité finale du second et du troisième moût ; en les ajoutant ensemble et divisant leur somme par le nombre de barils qu'ils contiennent de l'un et de l'autre, il a tout ce qu'il faut pour le mettre en état de découvrir la densité moyenne de ces deux moûts, qu'il considère comme étant les deux tiers de celle de la cuisson totale (en supposant qu'elle ne soit formée que de trois moûts). Or, avec ces données, il connaît jusqu'à quel degré de densité le troisième (ou quatrième moût), qui est supposé n'être pas encore dans les rafraîchissoirs, doit être évaporé pour produire la densité moyenne finale requise pour toute la cuisson ; et sachant de combien la densité préalable du moût, avant qu'on le mette dans la chaudière, diffère de la densité finale qu'il veut obtenir, il peut estimer, d'une manière approchée, et avec assez d'exactitude, la durée du temps qu'il conviendra de laisser le moût dans la chaudière, avant de l'en décanter dans le rafraîchissoir.

La chaudière dans laquelle on fait la cuisson du moût, est munie d'un flotteur servant d'index, marquant sur une échelle tracée intérieurement sur les parois de cette chaudière, la quantité de liquide qu'elle contient. L'ouvrier continue donc de faire bouillir le moût, jusqu'à ce que l'index soit arrivé à un certain nombre désigné sur l'échelle graduée; car, en observant pendant combien de temps il est, en général, nécessaire de prolonger l'ébullition dans l'établissement, pour produire une augmentation donnée de pesanteur d'un moût d'une certaine densité, et considérant combien la quantité primitive du moût diffère de celle finale qu'il veut obtenir, le brasseur peut juger, à très peu près, du temps que peut nécessiter tout autre changement quelconque de densité. Ainsi, par exemple, si, par des expériences préalables, on a trouvé qu'il faut trois heures d'ébullition pour porter à 15 livres (6 kil. 800 gr.) par baril, une densité de 10 livres (4,5 kilog.) par baril, 36 gallons (136 litres), il serait prudent de retirer de la chaudière un échantillon du moût, et d'en faire l'essai, lorsqu'il aura déjà bouilli pendant deux heures et demie :

lors donc que le moment convenable pour faire ce premier essai et déterminer la densité du moût cuit, est arrivé, le brasseur éprouve la densité du moût, et s'il voit que ce moût n'est pas encore suffisamment concentré, il le laisse bouillir, et répète de temps en temps l'essai, jusqu'à ce que le moût ait acquis la densité requise; on éteint alors immédiatement le feu, ou on le retire de dessous la chaudière, et le moût est décanté dans le rafraîchissoir. Le brasseur procède de la même manière pour chacun des moûts suivans, en ayant l'attention de noter les résultats obtenus : savoir: la quantité et la densité de chaque moût bouilli; multipliant ensuite, ainsi que nous l'avons dit, la quantité par la densité, on connaît la quantité nette de matière fermentescible contenue dans le moût; en ajoutant alors ensemble les diverses quantités de moût, et, d'autre part, leur somme de densité et de matière fermentescible, il divise le dernier total par le premier, afin de découvrir la quantité moyenne du tout.

Tout ce qu'il est nécessaire de faire concernant les moûts, se bornant à ceci, le brasseur divise la somme totale de matière fermentescible produite par le nombre de quarters, 8 boisseaux (242 litres) de malt employés, et le quotient indique le nombre de livres (de kilogrammes) de matière fermentescible, extraite de chaque quarter, 8 boisseaux

(242 litres) de malt, et, par conséquent, sa valeur intrinsèque.

OBSERVATIONS RELATIVEMENT AU MOUT DE MALT MIS
EN RÉSERVE POUR UNE OPÉRATION SUBSÉQUENTE,
APPELÉ ORDINAIREMENT MOUT DE RETOUR.

On donne le nom de *moût de retour* à la liqueur qu'on obtient de la quatrième ou de la cinquième infusion du malt, infusion qu'on fait ainsi dans la vue de s'en servir au lieu d'une pareille quantité d'eau fraîche, dans une opération subséquente; on appelle aussi cette infusion *moût bleu*.

Dans ceux des établissemens où l'on brasse deux espèces de bière, savoir, de l'aile et de la bière de table, et dans lesquels on ne fait emploi, pour produire l'aile, que du premier ou du premier et du second moût seulement, on fait usage du troisième ou du quatrième moût, au lieu d'eau, pour qu'il se charge d'une nouvelle portion de malt; et quelques brasseurs considèrent la quantité de matière fermentescible, ainsi ajoutée par le troisième ou quatrième moût, comme égale seulement, pour le travail subséquent, au quart de la valeur d'une semblable quantité de moût obtenue dans la première infusion, lorsqu'elle est réduite à une pesanteur spécifique légale, parce que le *moût de retour* ou *moût bleu* abonde principalement en mucilage, et est dépourvu, ou à peu près, de matière sucrée.

D'autres brasseurs considérant le moût faible comme égalant en valeur celui qu'on obtient dans les premières opérations, pourvu qu'il soit ramené à une densité pareille, ils se persuadent que le mucilage qu'il contient en grande proportion, est essentiel à la constitution de la bière, tout ensemble avec le riche moût sucré des première, seconde ou troisième infusions.

Il ne peut être douteux que c'est à la différence entre les proportions des parties constituantes immédiates du moût de malt, et non pas à la prédominance de la matière sucrée *seulement*, que l'on doit attribuer la différence finale qui a lieu dans le résultat, en ce qui concerne la qualité de la bière. Tous les principes contenus dans le moût doivent être entre eux dans un état d'équilibre, de manière à ce qu'il soit capable d'éprouver, dans le procédé subséquent de la fermentation, ce changement régulier, graduel et complet, qui est absolument nécessaire pour produire une bière parfaite; mais jusqu'à quel point la matière dissoute dans le moût par l'effet des quatrième ou cinquième infusions, y contribue-t-elle? c'est ce qui n'a point encore été expliqué. Il est certain, toutefois, que si la proportion du mucilage l'emporte de beaucoup sur celle du principe sucré, dans le moût de malt, la bière est très susceptible de tourner à l'aigre.

Néanmoins l'emploi d'un moût faible est souvent un objet de quelque importance, et particulièrement dans les brasseries (soit d'aile ou de porter) où les opérations se succèdent régulièrement l'une à l'autre sans interruption.

Si l'on suppose, par exemple, qu'on fasse une cuisson de bière avec 30 quarters, 240 boisseaux (31 hectolitres) de malt, que l'on sait d'avance devoir fournir 60 livres (27 kilog. 200 gr.) de matière fermentescible par quarter, 8 boisseaux (242 litres), et que la quantité moyenne de bière obtenue de chaque quarter d'un tel malt soit de deux barils et demi, 90 gallons (340 litres); supposons de plus que le premier moût ait une densité de 345 livres (15 kilog. 640 gr.) de matière fermentescible solide, et que sa quantité s'élève à 25 barils, 900 gallons (34 hectolitres); et prenons que la densité du second moût soit égale à 19,5 livres (8 kil. 840 gr.), et que sa quantité soit de 25 barils (34 hectolitres), la moyenne des deux moûts serait de 62,5 livres (28 kilog. 330 gr.) par quarter (242 litres) de malt. Il resterait, par conséquent, dans le grist, ou grain moulu, 17,5 livres (7 kilog. 930) de matière fermentescible par quarter du grist employé, qui manquent pour représenter la valeur du malt, savoir : 60 livres (27 kilog. 200) de matière fermentescible par quarter. Or, la densité restante sera égale en valeur à 4 quarters et demi (ou 1089 litres) de malt ; car si l'on prend un troisième moût de 30 barils (4080 litres) pour l'employer comme eau dans un travail subséquent, il produira une densité de 12 livres (5 kilog. 440 gr.) par baril, ou 360 livres (163 kilog. 200 gr.); et ce nombre divisé par la quantité, servant de règle, de matière fermentescible qu'on peut extraire du malt, c'est-à-dire, de 60 livres (27 kil. 400 gr.) par quarter, donne la valeur de 4 quarters et demi (ou de 468 litres); par conséquent, dans un travail ou brassin suivant, pour 50 barils (68 hectolitres) seulement, il ne faudra que 15 quarters et demi (28,45 hectolitres) du même malt, avec l'addition du moût faible *bleu* ou du *moût de retour.*

DE LA FERMENTATION DU MOUT DE PORTER ET D'AILE ;
DURÉE MOYENNE DU TEMPS NÉCESSAIRE POUR
QU'ELLE SOIT COMPLÈTE ; ET MANIÈRE DE CON-
DUIRE L'OPÉRATION.

Relativement à la fermentation du moût de porter, il est certain que le porter de Londres doit
plutôt son goût agréable à une fermentation très
active qu'aux propriétés du malt séché à une forte
chaleur. Le goût agréable provient évidemment
du malt pâle et non du malt brun. Ce dernier
malt communique à la bière un goût particulier
d'empyreume, et le porter qui a fermenté lentement, n'a jamais un bouquet agréable.

On met ordinairement le moût à fermenter dans
la froide saison à 60 degrés Fahrenheit (15, 5 degrés centigrades), en n'opérant d'abord que sur
quelques barils de 36 gallons (156 litres) du
moût avec une portion de la levure à employer.
Dans les mois les plus froids de l'hiver la température du moût peut être réglée à celle de 65 à 68
degrés Fahrenheit (de 18 à 20 degrés centigrades).

L'augmentation de température, qui a lieu pendant la fermentation du moût, peut être établie
comme étant, terme moyen, de 15 à 20 degrés Fahrenheit (de 8 à 10 degrés centigrades) : la densité

du moût et de la température qu'il avait au moment de son mélange avec la levure, influent beaucoup sur cette augmentation. Plus la température du moût, lorsqu'on le transfère dans le vaisseau à fermenter, est élevée, plus la fermentation a lieu rapidement; plus la température de l'air environnant est haute, plus aussi la fermentation est active. Il est par conséquent avantageux de faire passer les moûts dans la cuve guilloire, lorsqu'ils sont plutôt un peu chauds dans le temps froid, et d'abaisser la température autant que cela est possible dans le temps chaud. Quant à la durée de la fermentation du moût de porter ou d'aile, il n'y a que peu de chose à dire à ce sujet, parce que cette durée varie beaucoup, suivant la température de l'air, le degré auquel le moût a été refroidi et sa force. Le temps qu'exige la fermentation complète du moût de porter est, terme moyen, de trois à quatre jours; mais celle du moût d'aile n'est ordinairement terminée qu'au bout de six ou huit jours. Pendant la fermentation, la température moyenne du moût d'aile est toujours beaucoup plus basse que celle du moût de porter; l'opération a lieu aussi moins rapidement, et on ne la pousse pas aussi loin : il s'ensuit que toutes les ailes retiennent une portion considérable de matière sucrée, qui ne paraît pas avoir éprouvé d'altération. L'opération qui consiste à *écumer*, c'est à-dire à enlever les couches d'écume à mesure qu'elles sont formées sur le moût d'aile, pendant la fermentation, abaisse la température de la masse qui fermente, et, par suite, retarde la fermentation. La levure dégagée n'éprouve point d'action de l'alcool, qui se développe dans la bière; car le principal objet du brasseur d'aile est de retenir le goût agréable du malt, et de produire la plus grande quantité possible d'alcool, sans dissoudre une portion de la levure, ainsi que cela doit inévitablement avoir lieu pendant la fermentation du moût de porter, dans laquelle la couche de levure demeure en contact avec la liqueur vineuse de la bière pendant tout le temps que la bière reste dans les tonneaux à fermenter, et contribue ainsi à maintenir une température uniforme dans toute la masse qui fermente. On a pour habitude dans certaines brasseries, ce qui s'appelle d'enfoncer en la battant la levure dans la bière avant de clarifier le moût; mais les brasseurs les plus instruits regardent cette pratique comme mauvaise.

Lorsque la bière est faite, c'est-à-dire lorsque la fermentation a entièrement cessé, et que la liqueur est devenue transparente, on peut en déterminer la pesanteur spécifique; elle indique, déduction faite de la densité moyenne finale du moût, lorsqu'il avait été décanté des rafraîchissoirs dans la cuve guilloire, la quantité de matière fermentescible qui a été atténuée ou décomposée par le procédé de la fermentation ; mais cette estimation est bien loin d'être exacte, parce que la bière contient alors une portion d'alcool, dont la pesanteur spécifique contrarie ou tend à diminuer celle de la bière.

DE LA MANIÈRE DONT SE FABRIQUE LE FORT PORTER BRUN DE LONDRES.

Les données qui suivent peuvent servir à diriger dans la pratique de la fabrication du *fort porter*, ou *brun fort*, au moyen de trois infusions de 24 quarters, 192 boisseaux (58 hectolitres) de malt, composé d'un cinquième de malt pâle, de pareille quantité de malt ambré et de trois cinquièmes de malt brun. La pesanteur spécifique du moût pour cette espèce de porter était limitée dans l'établissement où on le brassait à 25, 25 liv. (11 kil. 250) par baril de 36 gallons (136 litres), et la quantité de houblon employée dans ce cas était de 192 livres (87 kilog.).

La première infusion se faisait avec 38 barils (51, 68 hectolitres) d'eau chauffée à 165 degrés

Fahrenheit (74 degrés centigrades). La machine à brasser les infusions fut mise en mouvement pendant trois quarts d'heure; après avoir laissé le tout recouvert pendant le même espace de temps, on ouvrit le robinet de la cuve-matière pour que le moût pût s'écouler dans le vaisseau, ou recette, au-dessous. Ce moût formait le volume de 31, 47 barils ou environ 1133 gallons (42, 80 hectol.), et sa pesanteur spécifique était de 28, 5 livres (13 kilog.) par baril (ou 136 litres).

La seconde infusion se fit avec 30 barils, 1080 gallons (40,80 hectolitres) d'eau chauffée à 160 degrés Fahrenheit (71 degrés centigrades), et l'on fit agir la machine à brasser l'infusion pendant trois quarts d'heure; l'eau séjourna sur le malt pendant ce même temps; et quand on reçut le moût dans le vaisseau au-dessous de la cuve-matière, il jaugeait 29,4 barils (40 hectolitres), et sa densité était de 17,26 livres (7 kilog. 826) par baril (ou 136 litres).

On procéda à la troisième infusion avec 31 barils (42,16 hectolitres) d'eau chauffée à 186 degrés Fahrenheit (85,5 degrés centigrades). La machine fut mise en action pendant un quart d'heure; après quoi, l'infusion fut laissée en repos pendant une demi-heure, et ensuite le moût recueilli; il occupait le volume de 30,36 barils (41,15 hectol.), et sa pesanteur spécifique était de 9,25 liv. (4,200 kilog.) par baril (ou 136 litres).

L'ébullition du premier moût dura une heure et demie ; au bout de ce temps, il fut décanté de dessus le houblon et transvasé dans le rafraîchissoir. Le houblon étant introduit de nouveau dans la chaudière de cuivre, on fit bouillir dessus le second moût pendant une heure trois quarts, et le troisième moût pendant une heure et demie, et alors on les fit couler dans les rafraîchissoirs. Lorsque ces moûts y eurent été refroidis pendant six heures, la température moyenne du tout était de 61 degrés Fahrenheit (16 degrés centigrades).

La liqueur contenue dans le premier rafraîchissoir jaugeait 21,5 barils (29,4 hectol.), et sa pesanteur spécifique était de 34,25 livres (15 kilog. 529) par baril (ou 136 litres). On fit passer cette liqueur dans la cuve à fermenter, où elle fut mêlée avec un gallon et demi (5.700 hectol.) de levure. Le second moût jaugeait 22 barils (29,92 hectol.); sa densité était de 25,5 livres (11 kilog. 560) ; et le troisième moût mesurait 20,15 barils (27,40 hect.), et avait une pesanteur spécifique de 16,5 livres (7 kilog. 80) par baril (136 litres).

La matière fermentescible réelle contenue dans la quantité totale du moût s'élevait donc à 169,84 l. (739 kilog.) 70,26 livres (31 kilog. 856) de matière fermentescible par quarter, 8 boisseaux (242 litres) de malt. La pesanteur spécifique moyenne du moût était de 25,55 livres (11 kilog. 584) par baril (ou 136 litres).

On ajouta à la totalité du moût trois gallons (11,355 hectol.) de levure ferme; la fermentation dans la cuve guilloire dura 43 heures; et pendant ce temps, sa température s'éleva à 71 degrés Fahrenheit (21 degrés centigrades). On retira alors le moût de la cuve dans des baquets pour la clarifier, opération qui exigea 46 heures, pendant lesquelles les barils furent remplis toutes les heures. La pesanteur spécifique du moût était alors de 11,8 livres (5 kilog. 350); et à la fin de l'opération, elle se trouva être de 8,8 livres (4 kilog.).

On a représenté, dans le tableau suivant, le résultat de cette opération de brassage.

TABLEAU SYNOPTIQUE

DATE.	QUARTERS ou Hectolitres de malt employé.		POUNDS ou Kilogrammes de houblon employé.	
	quarters.	hectolitr.	pounds.	kilogr.
1820 1er octobre.	2¼	58	192	87
	2¼	58	192	87

QUANTITÉ Du moût dans les rafraîchissoirs.		PESANTEUR spécifique Du moût dans les rafraîchissoirs.		QUANTITÉ nette De matière fermentescible.	
barils.	hectolitres.	pounds.	kilogr.	pounds.	kilogr.
21,05	29,24	34,25	15,529	736,370	333,870
22,00	29,91	25,05	11,560	561,000	254,357
20,15	27,40	16,05	7,480	332,475	150,600
63,10	86,56	75,35	34,569 densité moyenne.	1629,845	738,827

DU PROCÉDÉ.

QUANTITÉ De moût dans la recette.		PESANTEUR spécifique du moût.		QUANTITÉ De matière fermentiscible extraite.	
barils.	hectolitr.	pounds.	k logr.	pounds.	kilogr.
31,47	42,80	28,50	-13,000	896,000	406,240
29,40	40,00	17,26	7,826	574,040	260,432
30,26	41,15	9.25	4,200	279,090	126.900
91,13	123,95	55,0t 25,026 densité moyenne.		1749,130	793,572

QUANTITÉ De matière fermentiscible par quarter ou kilogrammes de malt.		PESANTEUR spécifique de la bière.		ATTÉNUATION ou Diminution de la pesanteur spécifique.	
pounds.	kilogr.	pounds.	kilogr.	pounds.	kilogr.
70,26	31,856	8,8	4,0	16,75	7,584
70,26	31,856	8,8	4,0	16,75	7,584

DE LA MANIÈRE DE BRASSER LE PORTER A GARDER, OU
POUR METTRE EN MAGASIN.

2 quarters (484 litres) de malt brun.

2 quarters (484 litres) de malt ambré.

4 quarters (968 litres) de malt pâle.

———————————   ——————————

8 quarters (1,936 litres).

Houblon, un 100 pounds (45,342 kilog.).

Le porter pour garder, ou en approvisionnement, ne diffère en rien autre chose du porter fabriqué pour la consommation domestique que par
une augmentation de force. La pesanteur ordinaire du moût, avant qu'il soit mis dans le rafraîchissoir, est de 21 à 22 livres (de 9 à 10 kilog.)
par baril (ou 136 litres); et, par conséquent, les
brasseurs n'extraient que 3 barils (408 litres) par
quarter, *minimum* de la quantité de matière fermentescible qu'on peut obtenir du grist, ou grain
moulu, pris à 58, 59 livres (26 ou 26,5 kilog.
par quarter). La proportion accoutumée du houblon est de 8 à 10 livres (de 3 à 4 kilog.) par
quarter (ou 242 litres) de malt.

J'ai désiré assister aux opérations suivantes de
brassage de cette espèce de porter, dans un établissement qui a la réputation de fabriquer d'excel-

lente bière, on y était dans l'usage de faire quatre
infusions : on employait pour la première infusion ou première *charge*, 14 barils (19 hect.)
d'eau à 156 degrés Fahrenheit (69 degrés centig.);
l'opération de l'infusion dura trois quarts d'heure,
on laissa reposer ensuite le tout pendant une
heure ; le moût obtenu jaugeait 18 barils (ou 13,60
hectol.), et sa pesanteur spécifique était de 21,25
livres (9,625 kilog.) par baril (ou 136 litres).

La seconde *charge* fut faite avec 18 barils
(13,60 hectol.) d'eau chauffée à 165 degrés Fa-
renheit (74 degrés centigr.), et la machine à
agiter le mélange fut mise en mouvement pendant trois quarts d'heure ; après avoir laissé reposer l'infusion pendant le même espace de temps,
on fit écouler le moût dans le vaisseau placé au-
dessous de la cuve-matière; il occupait le volume
de 9 barils (12,24 hectol.), et sa densité s'élevait
à 20,5 livres (9 kilog.) par baril (ou 136 litres).
On procéda à la troisième *charge* avec 7 barils
(9,52 hectol.) d'eau à 175 degrés Fahrenheit
(environ 80 degrés centig.); la machine ayant
opéré pendant une demi-heure on laissa reposer
le tout pendant un quart d'heure, et on obtint
6,50 barils (8,84 hectol.) de moût d'une densité
de 13,75 livres (6,234 kilog.) par baril (ou 136
litres). Enfin, pour la quatrième charge, on fit
emploi de 20 barils (27,20 hectol.) d'eau à 180

degrés Fahrenheit (82 degrés centigrades), sans
mettre la machine à agiter en mouvement. Le
mout dans la recette se trouva jauger 19,25 barils
(26,17 hectol.), et sa pesanteur spécifique était
de 5,55 livres (2,216 kilog.) par baril (ou 136
litres).

Ces opérations terminées, on fit bouillir avec
du houblon le premier et le second moût pendant
une heure et demie, et les troisième et quatrième
pendant seulement une heure. La quantité totale
de moût dans les rafraîchissoirs lorsqu'on le porta
dans la cuve guilloire, jaugeait 28 barils (38 hect.),
et sa densité était de 21 livres (9,521 kilog.)
par baril (ou 136 litres). Ce moût fut mêlé avec
3 gallons et demi (13,240 hectol.) de levure. Au
bout de quarante-neuf heures, la fermentation
dans la cuve guilloire était complètement achevée ; et quand la bière fut devenue claire, sa
température était de 73 degrés Fahrenheit (environ 23 degrés centig.), et sa pesanteur spécifique, après avoir été clarifiée, se trouva être de
10,5 liv. (4,760 kilog.) par baril (ou 136 litres);
sa clarification dura quarante heures, et la bière
devint parfaitement limpide au bout de seize jours
de mise en magasin.

DE LA MANIÈRE DE BRASSER LE PORTER ORDINAIRE.

18 quarters (43,56 hectol.) de malt brun.

6 quarters (14,52 hectol.) de malt pâle.

6 quarters (14,52 hectol.) de malt ambré.

30 quarters (72,60 hectol.).

Houblon, 240 livres (109 kilog.).

La première infusion fut faite avec 36 barils (49 hectol.) d'eau chauffée à 165 degrés Fahrenheit (74 degrés centig.). La machine ayant été mise en mouvement pendant une demi-heure, on ajouta une nouvelle quantité d'eau de la même température, et l'on continua d'agiter le mélange pendant encore un quart d'heure ; puis on laissa reposer le tout pendant trois quarts d'heure. La quantité de moût, décantée ensuite dans la recette, y occupait un volume de 38 barils (51,68 hectol.), d'une pesanteur spécifique de 255 livres (115,600 kilog.) par baril (ou 136 hect.).

La seconde charge eut lieu avec 25 barils (24 hectol.) d'eau chauffée à 145 degrés Fahrenheit (63 degrés centig.); et après qu'on eut fait agir la machine à remuer l'infusion pendant une demi-heure, on y ajouta 6 barils (environ 8 hect.) d'eau à la même température, et l'on continua le mouvement de la machine pendant un quart.

d'heure. Le tout ayant ensuite été laissé en repos pendant trois quarts d'heure , le moût écoulé jaugeait 3o barils (4o,8o hectol.) d'une densité de 16.75 livres (7,6oo kilogramm.) par baril (ou 136 litres).

On procéda à la troisième infusion avec 28 barils (38 hectol.) d'eau chauffée à 14o degrés Fahrenheit (6o,6 degrés centig.), et l'on fit agir la machine pendant une demi-heure. On laissa ensuite reposer le tout pendant un pareil temps, et le moût décanté de dessus le grain s'élevait à 24,5o barils (33,3o hectol.) d'une densité de 9,5o livres (4,3oo kilog.) par baril (ou 136 litres) ; mais nous devons faire observer que tout le moût ne fut pas décanté à cause d'un accident survenu à la recette.

Enfin , l'on fit une quatrième charge avec 12 barils (16,3o hectolitres) d'eau à 14o degrés Fahrenheit (6o degrés centigrades), et la machine fut en mouvement pendant une demi-heure ; le repos fut du même temps, et l'on obtint 16 barils (21,76 hectolitres) de moût d'une pesanteur spécifique de 15 livres (6,8oo) par barils (ou 136 litres).

Ayant fait passer dans la chaudière de cuisson le premier moût et une portion du second , on fit bouillir le tout avec le houblon, pendant une heure et demie ; et après avoir fait couler la liqueur claire dans les rafraîchissoirs , on introduisit dans la chaudière le troisième moût et le reste du second, et on fit bouillir avec le même houblon. Cette liqueur fut également décantée dans les rafraîchissoirs. On fit bouillir le quatrième moût pendant une heure; la quantité totale de moût dans les rafraîchissoirs, quand sa température se fut abaissée à 65 degrés Fahrenheit (18 degrés centigrades), se trouva être de 98,4 barils (13,200 hectolitres). On fit alors passer le moût à travers un réfrigérant dans la cuve guilloire, ce qui ramena sa température à 61 degrés Fahrenheit (16 degrés centigrades); la quantité totale du moût dans la cuve s'élevait à 97 barils (13,192 hectolitres) d'une pesanteur spécifique de 17,4 livres (7,880) par baril (ou 136 litres).

Ce moût fut mêlé avec quatre gallons et demi (environ 17 hectolitres) de levure d'une consistance très ferme. La fermentation dans la cuve dura quarante-quatre heures; la pesanteur spécifique de la liqueur était alors de 4,5 kilogrammes; la clarification dans les baquets sur les chantiers s'effectua complètement dans quarante-deux heures; la densité du moût était alors de 7,4 livres (3,5 kilogrammes), et les baquets furent remplis, pendant les trente premières heures, de deux heures en deux heures.

Ainsi, par cette méthode de brasser le porter commun, on obtint de 72,60 hectolitres de malt,

dont moitié de malt brun, un quart de malt pâle
et un quart de malt ombré, avec un emploi total
de 149.600 kilogrames de houblon et par un procédé à quatre infusions, 49,200 kilogrammes de
moût dans la recette ou réservoir provenant des
quatre infusions d'une densité moyenne de 7,800
kilogrammes, la quantité de moût dans les rafraîchissoirs fut de 13,192 hectolitres d'une densité
de 7.880 kilogrammes, et la quantité nette de matière fermentescible de 765,250 kilogrammes. La
pesanteur spécifique de la bière était de 3,55 kilogrammes, et l'atténuation ou diminution de
pesanteur spécifique de 4,525 kilogrammes.

DE LA MANIÈRE DE FABRIQUER L'AILE DE LONDRES.

30 quarters (72 hectolitres) de malt pâle.
230 livres (149,600 kilogrammes) houblon.

La première infusion fut faite avec vingt barils
(27,20 hectolitres) d'eau à la température de 175 degrés Fahrenheit (74 degrés centigrades); après
avoir laissé agir pendant une demi-heure la machine à remuer le mélange, on ajouta au grist, ou
grain moulu, une nouvelle quantité de dix barils
(13,60 hectolitres) d'eau, et le mouvement de la
machine fut continué pendant une demi-heure;
on laissa reposer la liqueur pendant une heure et
demie, puis on fit couler le moût dans la recette;

il se montait à vingt barils (ou 27,20 hectolitres),
et sa densité était de 34,15 livres (15,484 kil.)
par baril (ou 136 litres).

On fit le second mélange avec vingt-quatre barils (32,64 hectolitres) d'eau chauffée à 180 degrés
Fahrenheit (82 degrés centigrades). La machine
fut mise en action pendant trois quarts d'heure ;
puis, après une heure de repos, on fit écouler le
moût ; il jaugeait vingt - quatre barils (ou 32,64
hectolitres).

Les troisième et quatrième infusions se composèrent de 14 barils (19 hectolitres) d'eau à 150
degrés Fahrenheit (65,5 degrés centigrades) ; on
mit la machine en action pendant trois quarts
d'heure, et on laissa reposer le tout l'espace d'une
demi-heure. La quantité de moût obtenue se trouva
être de treize barils (17.68 hectolitres) d'une densité de 7,8 livres (3,536 kilogrammes) par barils.

Après qu'on eut fait bouillir avec le houblon,
pendant une heure et demie, la première partie
du second moût, on le fit couler dans les rafraîchissoirs ; puis, ayant remis le houblon dans la
chaudière, on fit bouillir avec lui, pendant trois
heures, les troisième et quatrième moûts, ainsi
que la portion restante du second moût, et on
laissa aussi s'écouler la liqueur dans les rafraîchissoirs.

Lorsque la température du premier moût dans

les rafraîchissoirs se fut abaissée à 65 degrés
Fahrenheit (18 degrés centigrades), on le trans-
féra dans le cuve guilloire, où il fut mêlé avec
trois gallons (11,355 hectolitres) de levure, et
quand l'autre portion du moût eut atteint la température de 62 degrés Fahrenheit (16,5 degrés
centigrades), on le fit également passer dans la
cuve guilloire, ce qui eut lieu après un séjour
de cinq heures du moût dans les rafraîchissoirs.
La pesanteur spécifique moyenne du moût dans
la cuve était de 24,4 livres (11,063 kilogrammes)
par baril. La quantité de levure ajoutée au moût
était dans la proportion de un gallon (3,785 litres)
par quatorze barils (19 hectolitres) de liqueur.

Après qu'on eut laissé un libre cours à la fermentation pendant trente heures, il se forma à
la surface de la bière un chapeau, ou tête épaisse
de levure, qu'on enleva au moyen d'un tamis
adapté et fixé à un long manche, et l'on continua
de cette manière à enlever la levure surnageante
de quatre en quatre heures, pendant les vingt-
quatre premières heures, à partir du commencement de la fermentation. Cette manipulation eut
lieu ensuite toutes les deux heures, en ayant bien
soin d'enlever les couches de levure aussi complètement que possible. La plus haute température
à laquelle s'éleva la bière pendant que la liqueur
était ainsi écumée, fut de 78 degrés Fahren-

heit (20,5 degrés centigrades). Lorsque la fermentation dans la cuve guilloire fut arrivée au point où la levure présentait une couche mince d'un blanc clair, et d'une consistance tellement liquide et si peu adhérente, qu'on ne pouvait l'enlever en passant avec précaution l'écumoire sur la surface de la couche de levure, on commença l'opération de la clarification. La bière fut alors abandonnée à elle-même pendant soixante-neuf heures dans la cuve guilloire; sa température était de 76 degrés Fahrenheit (25 degrés centigrades. La clarification s'opéra dans des poinçons ou tonneaux combinés avec des baquets à filtrer, et les barils furent remplis toutes les deux heures jusqu'à ce qu'il ne se produisît plus d'écume. La pesanteur spécifique de la liqueur se trouva être de 9,4 livres (4,262 kilogrammes).

Les résultats de ce travail, avec 72,60 hectolitres de malt et 149,600 kilogrammes de houblon, furent 7,750 hectolitres de moût dans la recette, d'une densité moyenne de 10,732 kilogrammes; la quantité de moût dans les rafraîchissoirs s'éleva à environ 60 hectolitres d'une densité d'environ 11 kilogrammes; la quantité nette de matière fermentiscible fut de 486,770 kilogrammes; la pesanteur spécifique de la bière était de 4,262 kilogrammes, et son atténuation, ou diminution, de 6,738 kilogrammes.

DE LA MANIÈRE DE FABRIQUER L'AILE POUR GARDER.

16 quarters (38,78 hectolitres) de malt pâle.
4 quarters (9,68 hectolitres) de malt ambré.

---

20 quarters (48,40 hectolitres).

Houblon, 160 livres (72,744 kilogrammes).

On procéda à la première charge ou infusion avec trente-six barils (environ 49 hectolitres) d'eau chauffée à 160 degrés Fahrenheit (69,6 degrés centigrades). Après que la machine eut été mise en action pendant une demi-heure, on fit une seconde infusion avec quinze barils (20,40 hectolitres) d'eau chauffée à 156 degrés Fahrenheit (environ 70 degrés centigrades); la machine fut de nouveau mise en action pendant une demi-heure; on laissa le mélange reposer pendant trois quarts d'heure, après quoi on ouvrit les robinets de la cuve-matière, et le moût fut recueilli dans la recette; il jaugeait 42,1 barils (57,26 hectolitres), et sa densité était de 25,3 livres (11,491 kilogram.) par baril de 136 litres.

La seconde attaque, ou infusion, eut lieu avec vingt-cinq barils (34 hectolitres) d'eau chauffée à 175 degrés Fahrenheit (80 degrés centigrades); la machine fut en action pendant trois quarts d'heure;

après une demi-heure de repos du mélange, on fit écouler le moût dans la recette. Son volume était de vingt-quatre barils (32,64 hectolitres), et sa pesanteur spécifique de 15 75 livres (71,141 kilogrammes) par baril. Les troisième et quatrième infusions se composèrent de 19 barils (environ 26 hectolitres) d'eau chauffée à 156 degré Fahrenheit (69 degrés centigrades); chaque infusion dura une demi-heure, le repos du mélange fut ensuite de trois quarts d'heure, et le moût de ces deux opérations jaugeait dans la recette 18 barils (24,48 hectolitres) d'une pesanteur spécifique moyenne de 4,6 livres (2,086 kilogrammes) par baril (ou 136 litres).

Le premier moût fut mis en ébullition avec le houblon pendant deux heures; et ce houblon ayant été ensuite remis dans la chaudière, on fit bouillir dessus les second et troisième moûts pendant trois heures et demie; le liquide fut mêlé avec trois gallons (11,255 hectolitres) de levure; le volume total des moûts s'élevait à 34 barils (45,24 hectolitres), d'une pesanteur spécifique moyenne de 25,6 livres (11,600 kilogrammes) par baril. On se conduisit dans la fermentation, la clarification et la séparation des écumes, comme dans l'opération précédente. Tout le procédé dura sept jours. L'aile était parfaitement éclaircie au bout de treize jours qu'elle eut été mise en magasin d'approvisionnement. Sa pesanteur spécifique se trouvait être alors de 8,25 livres (3,740 kilogrammes).

En brassant ainsi 48,46 hectolitres de malt, dont les trois quarts de malt pâle et un quart de malt ambré, avec 72,544 kilogrammes de houblon, on obtint dans la recette 114,38 hectolitres de moût d'une densité moyenne de 6,896 kilogrammes. La quantité de moût dans les rafraîchissoirs fut de 46.24 hectolitres, d'une densité de 11,600 kilogrammes. La quantité nette de matière fermentiscible était de 394.640 kilogrammes ; la pesanteur spécifique de la bière, de 3,740 kilogrammes, et l'atténuation de cette pesanteur spécifique de 7,860 kilogrammes.

DE LA MANIÈRE DE BRASSER LA BIÈRE DE TABLE.

Pour fabriquer cette variété de liqueur de malt, les brasseurs d'aile et de bière de table, à Londres, font usage d'une espèce particulière de malt, connue dans le commerce sous le nom de *malt couleur de Guinée*, nom qu'ils tirent de la belle couleur jaune d'or qui caractérise ce malt. On le fait avec de l'orge de la meilleure qualité. Un sac de ce malt pèse de 16 à 16,5 livres (environ 75 kilog.). Dans quelques établissemens, néanmoins, on lui substitue un grist, ou grain moulu, composé d'une partie de malt ambré et de deux parties de malt pâle. Dans la pratique, on retire ordinairement d'un quarter (242 litres) de malt de la meilleure qualité, 6 barils (816 litres) de bière de table. La pesanteur spécifique du moût, lorsqu'on le met dans les rafraîchissoirs, est de 12,25 ou 12,50 livres par baril, ou 136 litres. La quantité de houblon à employer est de 4 à 5 livres (environ 2,260 kilog.) par chaque quarter (242 litres) de malt, 12 quarters (ou environ 30 hectolitres) de malt pâle, 48 livres (21,760 kilog.) de houblon.

La première *attaque* ou infusion eut lieu avec trente-deux barils (43,52 hectolitres) d'eau chauffée à 160 degrés Fahrenheit (71 degrés centigrades), et après qu'on eut laissé agir la machine pendant trois quarts d'heure, on ajouta dix-neuf barils (environ 16 hectolitres) d'eau, et l'on continua le mouvement de la machine pendant une demi-heure encore. Le moût, qui s'écoula, mesurait vingt-six barils (35,36 hectolitres); sa densité était de 22,15 livres (environ 100 kilog.) par baril (ou 136 litres).

La seconde infusion fut faite avec 30 barils (40,80 hectolitres) d'eau à la température de 180 degrés Fahrenheit (82 degrés centigrades); l'action de la machine dura une demi-heure. On laissa reposer le mélange pendant trois quarts d'heure, et il s'écoula dans la recette 29,5 barils (40.12 hectolitres) de moût, d'une densité de 7 livres (3,173 kilog.) par baril, ou 136 litres.

La troisième infusion se fit avec 22 barils (environ 30 hectolitres) d'eau à la température de 185 degrés Fahrenheit (85,6 degrés centigrades); la machine fut mise en mouvement pendant trois quarts d'heure ; on laissa le mélange en repos pendant une demi-heure ; la quantité de moût écoulé dans la recette s'élevait à 22 barils (environ 30 hectolitres), d'une pesanteur spécifique de 4,3 livres (2 kilog. environ) par baril, ou 136 litres.

On fit bouillir le premier moût et une partie du second avec le houblon pendant une heure, et le surplus du second moût avec le troisième subirent une cuisson de deux heures. Le moût, après être resté cinq heures dans les rafraîchissoirs, avait acquis une température moyenne de 61 degrés Fahrenheit (16 degrés centigrades); son volume total dans la cuve guilloire était de 44,4 barils (environ 60 hectolitres), et sa pesanteur spécifique moyenne de 12,5 livres (5,560 kilog.) par baril. On le mêla avec 2 gallons et demi de levure d'une consistance presque solide ; après être resté pendant 20 heures dans la cuve guilloire, la fermentation avait rapidement avancé, et la température de la bière s'élevait à 68 degrés

Fahrenheit (20 degrés centigrades). On clarifia la liqueur comme à l'ordinaire ; sa pesanteur spécifique se trouva être alors de 4,5 livres (2 kilog. environ) par baril, ou 136 litres. On eut soin de remplir les tonneaux toutes les deux heures. La bière, après avoir été pendant dix-neuf heures sur les baquets à filtrer, était de bon usage pour la conservation.

On voit donc que les résultats de ce mode de brasser la bière de table ont été 105,48 hectolitres de moût dans la recette, d'une densité moyenne de 35,37 kilog. ; la quantité de moût dans les rafraîchissoirs s'est élevée à environ 60 hectolitres d'une densité de 5,660 kilog. La quantité nette de matière fermentescible a été de 251,637 kilog. La bière obtenue était d'une pesanteur spécifique de 2 kilog. environ, ce qui présentait une atténuation ou diminution de cette densité de 3,660 kilog.

DE LA MANIÈRE DE FABRIQUER L'AILE ET LA BIÈRE DE TABLE AVEC LE MÊME MALT ET LE MÊME HOUBLON.

50 quarters (121 hectolitres) de malt pâle.

400 livres (181,360 kilogrammes) de houblon.

Le premier mélange fut fait avec 68 barils (81,60 hectolitres) d'eau chauffée à 160 degrés

Fahrenheit (71 degrés centigrades). On mit la machine en mouvement pendant une demi-heure, puis on ajouta une nouvelle quantité d'eau, égale en volume à 19 barils (environ 26 hectolitres) d'eau chauffée à 156 degrés Fahrenheit (70 degrés centigrades), et l'on continua de faire agir la machine pendant environ trois quarts d'heure. Après avoir laissé reposer le tout pendant une demi-heure, on fit écouler le moût dans la recette ; il jaugeait 70 barils (95,20 hectolitres), et sa densité était de 34,5 livres (15,640 kilog.) par baril , ou 136 litres.

La seconde infusion se fit avec 72 barils (environ 98 hectolitres d'eau) chauffée à 175 degrés Fahrenheit (80 degrés centigrades); la machine agita le mélange pendant trois quarts d'heure ; on le laissa ensuite reposer pendant une demi-heure ; le moût écoulé dans la recette se trouva être de 70 barils (98 hectolitres) d'une densité de 19,5 livres (8,840 kilog.) par baril, ou 136 litres.

Ces deux moûts furent destinés à produire l'aile ; en conséquence, on les fit bouillir avec le houblon pendant deux heures et demie, après quoi on décanta dans les rafraîchissoirs. Pendant que la cuisson s'opérait, on ajouta au grist, ou grain moulu, dans la cuve-matière, 4 quarters (968 litr.)de malt et 92 barils (environ 125 hect.)

d'eau chauffée à 175 degrés Fahrenheit (80 degrés centigrades), et la machine continua de remuer le mélange pendant trois quarts d'heure. On le laissa ensuite reposer pendant une demi-heure, et l'on fit écouler la liqueur dans la recette. Elle y jaugeait 90 barils (122 hectolitres); sa densité était de 12,25 livres (5,120 kilog.) par baril, ou 136 litres. On la transporta, à l'aide d'une pompe, dans la chaudière, et l'on fit bouillir avec le houblon sur lequel on avait fait cuver le moût d'aile. On porta ce dernier, provenant de la première infusion, dans la cuve à fermentation, quand sa température fut réduite à 68 degrés Fahrenheit (17 degrés centigrades), ce qui eut lieu après quatre heures de séjour de la liqueur dans les rafraîchissoirs. A cette époque, la liqueur jaugeait 59,50 barils (269,77 hectolitres), et sa densité était de 36,2 livres (16,413 kilogr.) par baril, ou 136 litres. On la mêla avec 3 gallons et demi (13,247 hectolitres) de levure d'une consistance presque solide.

La température du second moût d'aile, après qu'il eut resté pendant cinq heures dans les rafraîchissoirs, étant tombée à 60 degrés Fahrenheit (environ 15 degrés centigrades), on le mit à part dans des vaisseaux à fermenter; sa quantité s'élevait à 53,75 barils (243,70 hectolitres), et sa densité était de 21,5 livres (9,948 kilog.) par baril. On mêla ce moût avec 3 gallons (11,355 hectolitres) de levure. La quantité totale de moût d'aile dans les vaisseaux à fermenter, était de 113,25 barils (513,47 hectolitres) et sa pesanteur spécifique moyenne de 21,75 livres (9,860 kilog.) par baril.

Les opérations de la fermentation et de la séparation de la levure furent conduites comme on l'a déjà exposé dans la manière de brasser l'aile ; la plus haute température à laquelle parvint le moût d'aile dans la fermentation , fut de 73 degrés Fahrenheit (23 degrés centigrades) ; celle de la brasserie était de 60 degrés Fahrenheit (environ 15 degrés centigrades). La clarification eut lieu comme à l'ordinaire ; mais on la poussa jusqu'à ce que l'atténuation eût été de 14 livres (6.347 kilog.) par baril, ou 136 litres. Le procédé de la fermentation du moût d'aile dura sept jours.

Le moût de la bière de table, obtenu par la troisième infusion, fut mis en ébullition avec le houblon retiré du moût d'aile, jusqu'à ce que le caillement du moût fût bien distinct, effet qui eut lieu après une cuisson de deux heures et demie ; on le décanta alors dans la recette, et on le fit passer dans les rafraîchissoirs. Lorsque sa température se fut abaissée à 64 degrés Fahrenheit (18 degrés centigrades), on le porta immédiatement dans la cuve à fermenter. Il y jaugeait 85 barils (115,60 hectolitres), et sa densité était de 11,3 livres (environ 6 kilog.) par baril, ou 136 litres. On mêla ce moût avec 4 gallons (15 hectolitres) de levure, et on clarifia après que la fermentation dans les cuves eût duré 26 heures. L'atténuation était de 7,15 livres (5,123 kilog.) par baril, ou 136 litres.

DE LA MANIÈRE DE FABRIQUER L'AILE AMBRÉE, OU LA BIÈRE A TWO PENNY, A DEUX SOUS.

30 quarters (72,60 hectol.) de malt pâle.
20 quarter (48,40 hectol.) de malt ambré.

50 quarters (121 hectol.) de malt.

300 livres (136 kilog.) de houblon.

L'aile ambrée, qu'on nomme aussi *two penny*, ou *deux sous*, parce qu'elle se vend deux sous le pint (0,473 litres), était autrefois employée à faire la liqueur médicinale appelée *purl*, ou vin d'absinthe. C'était de la bière *two penny*, à *deux sous*, chauffée, mêlée avec une petite quantité d'une teinture amère, ordinairement avec une teinture d'écorces d'oranges amères L'aile ambrée, dont on ne fait plus d'usage aujourd'hui, ne différait du porter qu'en ce qu'elle était moins

fermentée : on la livrait aux consommateurs huit
ou dix jours après sa confection, de sorte qu'elle
était extrêmement douce; elle moussait légèrement dans le verre, et, soumise à une douce chaleur, elle produisait beaucoup d'écume à cause
du dégagement de l'acide carbonique qu'elle contenait; la quantité de houblon qui entrait dans sa
fabrication était moindre que celle nécessaire pour
le porter de la même force.

La méthode suivante de brasser l'aile ambrée
est extraite d'un journal de brasseur : la première
infusion fut faite avec 62 barils (84,33 hectol.)
d'eau à la température de 175 degrés Fahrenheit (86 degrés centig.); la machine ayant été
en action pendant une demi-heure, on fit une
attaque ou infusion additionnelle d'eau égale en
volume à 3o barils (40,80 hectol.), et l'on continua de faire agir la machine pendant une demi-
heure; on ouvrit alors les robinets de la cuve-
matière, et le moût s'étant écoulé dans la recette,
on le transporta aussitôt, à l'aide d'une pompe,
dans cette cuve, de manière à l'y introduire au
moment où l'on mettait la seconde infusion sur les
matières du mélange.

La seconde infusion se fit avec 49 barils (66,64
hectol.) d'eau à la température de 180 degrés
Fahrenheit (82 degrés centig.); l'agitation par
la machine dura trois quarts d'heure; et, après

une demi-heure de repos, le moût obtenu fut ajouté à celui de la première infusion.

La troisième infusion fut faite avec 48 barils (65,28 hectol.) d'eau à la température de 160 degrés Fahrenheit (75 degrés centig.); l'agitation du mélange dura trois quarts d'heure, et les matières restèrent pendant le même temps en digestion.

Enfin, on procéda à la quatrième attaque ou infusion, avec une quantité d'eau à la température de 166 degrés Fahrenheit 7,45 degrés centig.), égale à celle de la précédente infusion; la machine fut pendant une demi-heure en mouvement, et on laissa reposer pendant le même temps le mélange.

On fit alors bouillir les premier et second moûts avec le houblon pendant deux heures et demie; au bout de ce temps, on enleva le houblon, et l'on fit passer la liqueur dans les rafraîchissoirs; sa quantité était de 93 barils (126,48 hectol.).

Les troisième et quatrième moûts furent tenus pendant trois heures et demie en ébullition avec le houblon retiré du premier moût. On obtint dans cette opération 54 barils (73,44 hectol.).

Lorsque la température des deux premiers moûts se fut abaissée dans les rafraîchissoirs à 66 degrés Fahrenheit (19 degrés centig.), on les fit écouler dans la cuve à fermenter; ils occupaient un vo-

lume de 51 barils (69,36 hect.), et la température était alors de 64 degrés Fahrenheit (18 degrés centig.); on mêla la liqueur avec environ
un plein seau 2 gallons (environ 8 litres) de levure; on fit ensuite écouler les deux derniers
moûts des rafraîchissoirs lorsque leur température moyenne eut été réduite à 61 degrés Fahrenheit (16 degrés centig.), ce qui eut lieu après
un séjour de cinq heures dans ces vaisseaux; on
ajouta à cette partie du moût un seau et demi
environ 3 gallons (12 litres) de levure.

La pesanteur spécifique moyenne du moût dans
les vaisseaux à fermentation (avant l'addition de
levure) était de 19,75 livres (environ 9 kilog.)
par baril, ou 136 litres Après que la fermentation
eut eu lieu pendant vingt heures, la bière fut
réveillée, c'est-à-dire qu'on renforça le moût dans
la liqueur, et qu'on le mêla de nouveau avec
elle; on y ajouta alors 1 gallon (environ 4 litres)
de levure, après quoi on laissa la fermentation
continuer; et l'on recouvrit avec des planches la
cuve à fermenter, afin de maintenir une température uniforme sur la surface de la bière; lorsqu'elle eut été laissée en repos pendant vingt
heures, il s'était formé à la surface un chapeau,
ou tête de levure de deux pieds environ (61 cent.)
d'épaisseur; on enfonça cette couche dans la liqueur, et on la mélangea avec elle, comme on

l'avait fait précédemment, puis on ajouta environ un demi-gallon (environ 2 litres) de levure; la température du liquide était de 72 degrés Fahrenheit (22 degrés centig.); celle de l'air était de 45 degrés (7 degrés centig.). La bière fut alors clarifiée, et le procédé de la fermentation avait en tout duré vingt-quatre heures. La bière fut mise dans les baquets à filtrer, et les tonneaux furent remplis toutes les heures. La fermentation y dura encore vingt heures : la quantité totale de bière résultant de cette opération et mise en magasin, fut de 137 barils (186,32 hectol.).

DE LA MISE EN BOUTEILLES DE L'AILE ET DU PORTER.

Après avoir rempli de porter des bouteilles sèches, on les laisse ouvertes pendant six ou huit heures; lorsqu'alors la bière s'est affaissée en perdant une partie de son acide carbonique, on ferme hermétiquement les bouteilles avec des bouchons de liége bons et sains. Il convient de choisir des bouteilles à col droit bien uni même dans l'ouverture, et légèrement étranglé vers la partie du goulot qui correspond au milieu du bouchon. Après avoir fait choix des bouchons de liége les plus sains qu'il soit possible de se procurer, on laissera, en les enfonçant dans le goulot de la bouteille, environ un pouce et demi (environ 4 centim.) de vide entre leur surface inférieure et celle du liquide. La bière forte brune produit la meilleure qualité de porter en bouteilles. Lorsque la bière est destinée à l'exportation dans des climats chauds, il faut, après avoir rempli les bouteilles, les laisser ouvertes pendant vingt-quatre heures, pour l'affaissement de la bière ; on doit ensuite maintenir fermement le bouchon de liége au moyen d'un fil de fer qui, croisant par-dessus, se lie autour du col de la bouteille, où il est noué.

L'aile se met en bouteilles de la même manière. La bière, soit porter ou aile, doit être parfaitement transparente avant qu'on la mette en bouteilles : la moindre quantité de levure ou de lie rend la liqueur susceptible de fermentation, et ferait courir le risque de la rupture des bouteilles.

DU PORTER BLANC.

On donne ce nom au porter fabriqué avec du malt pâle ; et par conséquent ce porter ne diffère du porter ordinaire que par sa couleur. La pesanteur spécifique finale du moût, avant qu'il ait été mis à fermenter, est de 17,5 à 18,5 livres (environ 8,160 kilog.) par baril, ou 136 litres. La fermentation est conduite à la manière ordinaire.

La bière de Dorchester n'est ordinairement autre chose que du porter en bouteilles.

DES QUANTITÉS DE PORTER, D'AILE ET DE BIÈRE DE
TABLE, FABRIQUÉES DANS L'ESPACE D'UNE ANNÉE
PAR LES PRINCIPAUX BRASSEURS DE LONDRES.

On pourra juger de l'étendue du commerce des
braseurs de Londres en exposant ici que, dans le
cours d'une année, du 5 juillet 1819 au 5 juillet
1820, la quantité de porter, d'aile et de bière de
table, fabriquée dans les principales brasseries de
Londres, s'est élevée, au total, à 1592584 barils,
ou environ 2165914 hectolitres. Dans cette quantité totale, celle du porter était de 1333480 barils,
ou 1813533 hectolitres; la quantité d'aile fabriquée
y entrait pour 91837 barils, ou 124898 hectol.;
et celle de la bière de table pour 167267 barils,
ou 227483 hectol. Ainsi, en récapitulant ces trois
quantités, elles se composent ainsi qu'il suit :

Fabrication totale à Londres dans une année.

	Barils.	Hectolitres.
	1592584	2165914
Porter.	1333480	1813533
Aile.	91837	124898
Bière de table.	167267	227483
	1592584	2165914

Le produit de la taxe imposée sur la bière fabriquée, le malt et le houblon, s'est élevé, pendant l'année 1820, dans les trois royaumes de la Grande-Bretagne, à la somme totale de 5,997,216 livres sterling ; ce qui, en évaluant la livre sterling à 24 francs de monnaie de France, représente la somme totale de 143.933,184 francs. Ce produit de perception se compose ainsi qu'il suit :

Angleterre. .	5,586,508 liv. st.	134,076,192 fr.
Écosse. . . .	219,105	5,258,520
Irlande. . . .	191,603	4,598,472
Montant total.	59 997,216	143.933,184

DE LA FABRICATION DE LA BIÈRE EN PETIT, OU DE LA BIÈRE DOMESTIQUE.

Ustensiles nécessaires pour brasser de la bière chez soi.

Tout ce qu'on vient de dire sur l'art de brasser peut être regardé comme généralement et principalement applicable à sa fabrication en grand, et telle qu'elle a lieu dans les brasseries de Londres ; mais il peut être utile de présenter ici quelques instructions pour ceux qui seraient disposés à fabriquer eux-mêmes leur bière. Les principes établis pour les brasseries publiques sont les mêmes

pour les brasseries particulières. La seule différence consiste en ce que celui qui brasse chez soi
opère peut-être sur un quarter (242 litres) de
malt seulement, tandis que, dans les brasseries
publiques, les infusions ont lieu sur 100 ou 150
quarters (242 ou 360 hectol.) à la fois dans une
cuve, et qu'en outre le particulier peut employer
dans sa fabrication de bière la mélasse, le sucre
ou toute autre substance; ce qu'il n'est pas permis
au brasseur public de faire.

De la Chaudière.

La dimension de la chaudière destinée aux lessives dans les ménages détermine généralement la
proportion dans laquelle on peut brasser avec
économie; si donc on prend pour base de calcul
une quantité de 9 gallons (environ 34 litres), si
l'on veut fabriquer en même temps deux espèces
de bière : savoir, 9 gallons (34 litres) d'une espèce
(d'aile) et de 9 gallons (34 litres) d'une autre
espèce de bière de table), la capacité de la chaudière de cuivre ne pourra pas être moindre que
de 13 gallons (environ 49 litres); si l'on n'a à fabriquer qu'une seule espèce de bière, alors la chaudière devrait contenir pour chaque quantité de
9 gallons ou 34 litres, 13 gallons ou 49 litres, si

l'on faisait infuser en une seule fois toute la quantité de grist, ou grain moulu. Si l'on fait séparément deux infusions, elle pourra ne contenir que 7 gallons (26 litres), et 5 gallons seulement (ou environ 19 litres), si l'on fait trois infusions. Il n'y aurait pas d'économie à excéder ces capacités, ou du moins de les porter, dans les trois cas, jusqu'à 15, 9 et 7 gallons (57, 34 et 26 litres).

Supposons, par exemple, que, pour brasser 18 gallons (68 lit.) d'aile, et 36 gallons (136 lit.) de bière de table, on fît usage d'une chaudière de cuivre de la capacité de 45 gallons (170 litres), qui serait trop petite, il en résulterait une grande perte de combustible pendant l'ébullition du moût d'aile, et il n'y aurait pas assez de liqueur pour empêcher la paroi de cuivre d'être détériorée par l'action de la chaleur. Pour brasser une pareille quantité de liqueur, il est préférable de se servir d'une chaudière capable de contenir de 26 à 28 gallons (de 98 à 106 litres) d'eau. On évitera beaucoup d'embarras, indépendamment de la perte, si l'on emploie une chaudière munie d'un robinet de métal ; mais, au lieu de ce robinet brasé avec la chaudière, il serait préférable de placer au fond de la chaudière un simple tube de feuille de cuivre, partant du fond, et traversant la maçonnerie de brique sur laquelle elle est établie. On peut adapter aisément à ce tube, comme aux tonneaux, un robinet qui peut s'enlever au besoin ; disposition qui permet facilement de le nettoyer. Il faudrait donner à ce robinet assez d'ouverture pour qu'il ne fût pas sujet à s'obstruer par le houblon, lorsqu'on fait écouler le moût de malt.

Pour ne point perdre de temps, et s'éviter de la peine, il est à désirer, si cela se peut faire convenablement, que la chaudière de cuivre soit placée à une hauteur telle qu'on puisse aisément faire couler la liqueur dans la cuve-matière, au moyen d'une rigole ou gouttière en bois ; et, comme il est essentiel de connaître promptement, à toute époque de l'opération, la quantité de liquide contenue dans la chaudière, on devra se munir d'une règle à jauger, graduée, renfermée dans un tube d'étain ou de feuille de tôle, afin d'empêcher que la vapeur n'obscurcisse les divisions graduées de la règle, lorsqu'on la plonge dans le liquide en ébullition.

De la Cuve-matière.

La dimension de la cuve-matière doit être calculée d'après le mode de brasser qu'on adopte ; pour la même quantité de liqueur, elle doit être plus ou moins grande. Si, par exemple, on fait

trois infusions, il suffira des dimensions suivantes :

Pour chaque firkin neuf gallons (34 litres) mesure, d'aile à fabriquer, et d'une seule espèce, ou
pour chaque firkin .34 litres) de cette liqueur seule ,
à brasser plus en grand, la cuve-matière devrait
contenir quinze gallons (environ 57 litres'. Si, par
exemple, on veut brasser deux firkins (68 litres)
d'aile ou de bière de table à un firkin (34 litres)
de l'une ou de l'autre, et deux firkins .68 litres; de
l'autre, la cuve-matière devra contenir trente gallons (environ 114 litres).

Si l'on se propose de ne faire que deux infusions,
en employant une plus grande proportion d'eau
dans la seconde, alors au lieu de quinze gallons
(57 litres), la capacité de la cuve devra être de
dix-huit gallons (68 litres).

Si la cuve dont on se sert pour brasser n'est
destinée qu'à cet usage, il convient qu'elle soit
plus étroite au haut que vers le fond. L'ouverture
étroite conserve plus long-temps la vapeur, et une
base large ne permet pas au grist, ou grain moulu,
de devenir trop comprimé.

En coupant aux deux tiers un tonneau à large
fond, on formera une cuve-matière très convenable pour les opérations en petit.

La cuve devra être munie d'un robinet de métal, ce qui est bien préférable à une chantepleure, ou robinet en bois ; ces derniers sont sujets à se gonfler lorsqu'ils sont en contact avec un liquide chaud ; de sorte que lorsqu'on essaye de tirer le moût, on est souvent réduit à la nécessité d'arracher de la cuve tout l'ajutage.

La cuve-matière doit être supportée sur un trépied, dont la forme la plus convenable à lui donner est celle présentant la figure de la lettre T, formée de deux pièces de bois réunies, et ayant sous les trois extrémités un pied servant à maintenir l'assemblage au-dessus du sol à une hauteur telle qu'on puisse aisément placer dessous un seau de dimension ordinaire, ou tout autre vaisseau.

Pour *rafraîchissoirs*, les cuviers à lessive ordinaires pourront servir convenablement. Pour chaque firkin (34 litres) de liqueur à brasser (aile et bière comptées ensemble), ces cuviers peuvent être de la contenance en tout de 14 gallons (environ 53 litres) qu'on peut répartir de la manière suivante, en partant de cette base pour le calcul de toute autre opération plus en grand. Le cuvier le plus grand peut servir, dans chaque cas, en triple capacité, de *recette*, de *rafraîchissoir*, et de *cuve guilloire*, pour faire fermenter celle des deux liqueurs qui a été brassée en plus petite quantité.

Il faut, pour un travail de dix-huit gallons (68 litres), soit de la même liqueur ou de liqueurs différentes, un cuvier de seize, et un de douze gallons (environ 60 et 45 litres) de capacité.

Pour trois firkins 27 gallons (102 litres), il faut un cuvier de dix-huit, et deux de douze gallons (de 68 et deux de 45 litres).

Pour brasser un baril (136 litres), le cuvier le plus grand doit avoir une capacité de trente gallons (113 litres), tandis que chacun des deux autres ne contiendrait que treize gallons (49 litres).

Le cuvier destiné à servir de vaisseau de dessous, ou de *recette*, pour le moût qui s'écoule de la cuve-matière, doit avoir sa capacité divisée en gallons (3,785 litres), afin qu'à la simple inspection on puisse à l'instant connaître la quantité de moût produite par chaque infusion. Ces divisions peuvent être tracées, ou par des entailles faites sur la surface du bois, ou au moyen de petits clous qui y sont implantés. Après avoir déterminé la place particulière où le vaisseau doit être établi et l'y avoir posé, on y verse l'une après l'autre des mesures d'eau, et l'on marque sur les parois du vaisseau la hauteur de l'eau, soit par des entailles sur le bois, soit au moyen de petits clous de fer à tête qu'on y enfonce. Si l'on peut disposer d'un plus grand nombre de cuviers qu e celui qui a été indiqué, le refroidissement aura plus promptement lieu. On doit aussi avoir toujours, au besoin, quelques seaux à sa disposition.

Il n'est pas absolument nécessaire de se procurer une *cuve guilloire* pour brasser en petit ; c'est ce qui a déjà été observé et pour l'aile et pour la bière de table, la cuve-matière pouvant servir pour celle de ces liqueurs qui a été brassée en plus grande quantité, et le plus grand des rafraîchissoirs pour l'autre liqueur.

Quant au rafraîchissoir, quoiqu'il ne soit pas de forme convenable pour une cuve guilloire, ou cuve à fermentation, qui devrait être plutôt étroite en proportion de sa profondeur, cependant, en ne mettant dans un rafraîchissoir de la capacité de seize gallons (60 litres) que neuf gallons (34 litres) de liqueur, et ainsi en proportion, on pourra opérer assez bien dans tous les cas ordinaires. Ainsi, l'on peut avec un tonneau dont on a enlevé la partie supérieure, et d'une capacité de quinze gallons (57 litres) pour chaque quantité de neuf gallons (34 litres) à y mettre en fermentation, en former une *cuve guilloire*, ou *à fermentation* très convenablement appliquée à cet usage.

MOYEN FACILE DE DÉTERMINER LA PESANTEUR SPÉCIFIQUE DU MOUT DE MALT.

Dans les brasseries particulières, on peut aisément reconnaître, si on le juge nécessaire, la pesanteur spécifique du moût, au moyen d'une bouteille étroite, munie d'un bouchon de cristal. On prend pour *unité* le poids du volume d'eau de pluie que la bouteille, lorsqu'elle est complètement remplie, peut contenir, et la quantité de moût que l'on constate y être contenue étant pleine, à la même température, dénote la pesanteur spécique de ce moût ; car il est clair que quel que soit l'excès de son poids sur celui du même volume d'eau servant d'unité, cet excès est dû à la matière soluble contenue dans le moût ; et c'est tout ce que le brasseur cherche à connaître en faisant emploi du saccharomètre.

Pour réduire en gallons (mesure d'environ 4 litres) ou en barils (mesure de 136 litres) la quantité de matière solide d'un volume quelconque de moût, il suffit de se rappeler les données suivantes : la capacité d'un pint anglais de vin (ou 0,473 litres) est de 28,875 pouces cubes (473 centimètres cubes), et le poids d'une mesure égale d'eau distillée à la température de 155 degrés

Fahrenheit (environ 13 degrés centigrades) est de 7310,42812 grains (environ 475 grammes); le pint de bière de Londres contient 35,25 pouces cubes (environ 578 centimètres cubes).

Cependant, dans la fabrication de la bière domestique, il n'est pas nécessaire de s'attacher à connaître la densité du moût.

Les *barils* de 18 gallons (68 litres), tels que ceux qu'on emploie en Angleterre pour le vin, sont les plus convenables et les plus économiques pour emmagasiner la bière; les trous des bondes doivent être assez larges pour qu'on puisse y introduire la main, et même le bras, afin de pouvoir mieux en nettoyer l'intérieur. Il sera convenable que l'ouverture des bondes soit de la même dimension, et aussi que tous les bondons soient uniformes. On évitera ainsi le grand embarras d'avoir à choisir et à ajuster des bondons et des bouchons pour chaque ouverture. Les bondons en bois tourné, qui dépassent de 2 ou 3 pouces (50 à 75 centimètres) la surface extérieure du tonneau, et percés dans la partie supérieure d'un trou d'un demi-pouce (environ 13 millimètres) passant horizontalement et donnant ainsi la facilité de les faire traverser par un boulon de fer pour les enlever, sont d'un emploi très convenable; car, en ôtant avec un crochet de fer les bondons ordinaires, on est sujet à les briser, ou déformer aussi le trou de la bonde, ce qui donne accès à l'air dans le tonneau. On aura soin de peindre les cercles en fer des tonneaux, afin de les préserver de la rouille.

En ce qui concerne les calculs précédemment établis, et pour plus de convenance, il est à désirer que tous les tonneaux soient précisément de la même capacité; mais, comme il y a quelquefois une différence considérable entre eux, et même entre les tonneaux des mêmes dimensions, il sera prudent de s'en assurer, en jaugeant les tonneaux avant de les employer; et si l'on en trouvait qui s'éloignasse beaucoup de la jauge moyenne, il faudrait marquer d'une manière inéfaçable leur capacité exacte, sur le devant ou bouge du tonneau; il ne sera même pas mal d'avertir le tonnelier qu'on a l'intention de le faire ainsi, afin qu'il prenne plus de soin pour éviter les erreurs qu'il pourrait aisément commettre, s'il fournissait des tonneaux à vin d'une capacité moindre, au lieu de ceux de même dénomination faits pour la mesure de la contenance de l'aile.

Il sera pareillement utile de mesurer la circonférence de chaque tonneau, et de marquer par une entaille, ou au moyen d'un petit clou, le point exactement opposé au centre de la bonde. Cela évitera de la peine pour la position à donner aux tonneaux qu'on veut faire sécher après qu'ils ont été rincés avec de l'eau.

DE LA SAISON LA PLUS CONVENABLE POUR BRASSER.

Le meilleur temps pour brasser est la saison froide : mars et octobre sont les mois les plus convenables pour ce travail en petit. Si, à défaut de cellier, on est obligé de brasser pendant les chaleurs, il ne faut opérer que sur la quantité de bière nécessaire pour une prompte consommation ; car il est rare qu'on puisse garder pendant long-temps les liqueurs de malt brassées dans une saison chaude.

DES PRÉCAUTIONS A PRENDRE, EN CE QUI CONCERNE LE NETTOIEMENT, DANS LA FABRICATION DE LA BIÈRE.

On ne saurait mettre trop de soin à tout bien nettoyer dans les opérations de la fabrication de la bière, particulièrement dans l'été ; car chaque particule de matière laissée dans les ustensiles, après qu'on s'en est servi, donne naissance à une impureté dont on ne se débarrasse pas aisément par la suite, et qui donne inévitablement, pendant long-temps, un mauvais goût à toutes les fabrications subséquentes.

Quelques jours avant de commencer à brasser, on doit remplir d'eau tous les tonneaux, toutes les cuves, afin d'étancher ces vaisseaux; si l'on néglige cette précaution, il peut s'en suivre des inconvéniens fort graves par un suintement inattendu, surtout si les vaisseaux n'ont pas du service et qu'on n'en fasse pas un usage journalier. Avant de laver les ustensiles à brasser, les cercles des tonneaux et des cuves doivent être fortement resserrés tandis que le bois est sec.

Immédiatement après qu'on s'est servi des ustensiles, il faut les laver avec soin et les rincer avec de l'eau claire, qu'on renouvelle de temps en temps, si l'on ne doit pas en faire promptement usage; pendant l'été, on mettra au besoin dans chacun des tonneaux ou cuves, quelques morceaux de chaux non éteinte, et on aura soin de les bien nettoyer avec une eau de chaux pareille. La chaudière ne doit pas non plus être négligée; il ne faut jamais s'en servir avant de l'avoir nettoyée; et, en faisant cette opération, on devra spécialement examiner le fond, ainsi que le robinet tout autour, pour s'assurer qu'il n'y adhère point de vert-de-gris; et, à cet effet, il faut le rendre parfaitement brillant.

Dès que le tonneau est vide, il faut avoir soin de boucher avec une cheville l'ouverture pratiquée pour le robinet, et de fermer la bonde avec un bouchon de liége qu'on y enfonce à coups de marteau. Le tonneau pourra alors se conserver en bon état, et il n'aura besoin d'être rincé, que lorsqu'on sera sur le point d'en faire usage ; mais, si l'on néglige cette précaution, le tonneau se moisira, et il deviendra très difficile de le nettoyer parfaitement.

Il conviendra d'examiner, de temps en temps, l'intérieur du tonneau, ce qui se fera pour le mieux, en enlevant l'un des fonds, afin que l'on puisse bien frotter l'intérieur ; car il s'y forme peu à peu, avec le temps, une couche mucilagineuse que l'eau ne peut enlever, et qui, si on la laisse subsister, contribue puissamment à rendre la bière susceptible de se gâter.

DE LA QUANTITÉ D'AILE OU DE BIÈRE DE TABLE QU'ON
PEUT OBTENIR D'UNE QUANTITÉ DONNÉE DE MALT
ET DE HOUBLON.

Dans la fabrication domestique, et lorsque la
bière n'est pas destinée à être conservée, on pourra
produire avec un boisseau (30 litres) de malt et
dix onces (environ 300 gramm.) de houblon, 12
gallons (45 litres) d'aile *commune* ou aile de table,
et les brasseurs d'aile estiment qu'une mesure de
cette espèce d'aile est égale à deux mesures de
bière de table. On peut donc brasser, avec un
boisseau (30 litres) de malt, 24 gallons (90 litres)
de bière de table, sans aucune quantité d'aile
de table, ou 9 gallons (34 litres) d'aile et 6 gallons (environ 23 litres) de bière de table, ou 6
gallons (23 litres) d'aile, 12 gallons (45 litres)
de bière de table, ou enfin toutes autres proportions d'aile et de bière de table se convenant
par ce rapport, qu'une proportion d'aile commune soit équivalente à deux proportions de
bière de table. Cette quantité de malt est la plus
petite qu'on puisse employer pour brasser 12 gallons (45 litres) de bonne aile de table ou aile
commune. Il est, en outre, bien entendu que le
malt se mesure avant qu'il ne soit moulu ; car

1 boisseau (30 litres) de malt peut produire, lorsqu'il est grossièrement écrasé, 1 boisseau et 1 quarter (37,5 litres) de grist ou grain moulu, et quand il est réduit en poudre fine, l'augmentation est encore plus considérable ; d'où il suit que si l'on emploie le grain moulu, il conviendra d'avoir égard à cette circonstance.

Si l'aile est destiné à être conservée, il sera bon d'employer de 5 $\frac{1}{4}$ à 6 boisseaux (de 170 à 180 livres) de malt pâle pour fabriquer un *hogshead* (54 gallons) (204 litres) de bonne aile. La quantité de houblon doit se régler sur le goût du consommateur de l'aile, et sur le temps qu'on doit la garder. Pour de l'aile forte à conserver pendant environ douze mois, il faudra employer, pour chaque boisseau (30 litres) de malt, trois quarts d'un pound (340 gramm.) de houblon (en supposant le houblon nouveau, ou de la meilleure qualité). Si la bière doit être gardée seize ou dix-huit mois, la proportion convenable est celle d'un pound (453,40 gramm.) de houblon par boisseau (30 litres) de malt. Pour une aile forte de cette espèce à boire de suite, il ne faut pas plus de 10 onces (environ 280 gramm.) de houblon par boisseau (30 litres) de malt. Mais lorsqu'on fabrique de cette espèce de bière dans l'été, il convient d'employer $\frac{1}{4}$ d'un pound (340 gramm.) de houblon par boisseau (30 litres) de malt.

Quant à la petite bière il est suffisant, pour brasser chez soi un hogshead (204 litres) de cette liqueur, d'employer de 1 $\frac{1}{2}$ à 1 $\frac{1}{4}$ d'un pound (de 680 à 793 gramm.) de houblon, par 2 $\frac{1}{2}$ ou 2 $\frac{1}{4}$ de boisseau (de 75 à 82 litres) de malt pâle. En indiquant les quantités de malt précédentes, comme devant produire une quantité donnée de bière, il doit être entendu que toute la matière soluble sera complétement extraite du malt, circonstance qui n'est nullement ordinaire dans la fabrication domestique ; il reste souvent dans les grains, après que l'opération est achevée, la moitié de la farine ; 100 livres (4534.9 gramm.) de malt, convenablement dépouillé dans l'opération de l'infusion de la matière soluble qui y est contenue, ne doivent peser, après parfaite dessication, que de 40 à 40,50 livres (de 18, à 18,350 kilog.).

Le malt pâle est préférable au malt ambré pour la fabrication de la bière en petit. On doit toujours en faire usage ; et ce malt de la meilleure qualité produit la bière du goût le plus agréable. Si l'on désire que la bière ait une couleur brune, l'addition d'une petite quantité de sucre brûlé remplira très bien cet objet.

Lorsqu'on achète du malt, on doit examiner s'il

est vieux ou frais ; s'il est frais, il faudra, avant
de s'en servir, le laisser exposé à l'air libre pendant un ou deux jours après qu'il aura été moulu.
Si le malt est vieux, il conviendra de le moudre
un jour, et de s'en servir le jour d'après pour
brasser, sans le laisser plus long-temps dans cet
état, il devra être *bruisiné* petit, c'est-à-dire
grossièrement moulu, de manière, cependant, que
chaque grain soit brisé ; s'il était réduit en poudre très fine, l'infusion ou le mélange s'opérerait
très difficilement, et il en résulterait de l'empê-
chement pour l'écoulement du moût.

Lorsqu'on a l'économie en vue, on peut substituer à une partie de malt une certaine quantité
de mélasse, ou de sucre moscouade ; d'après des
expériences auxquelles j'ai eu à me livrer en grand,
je suis autorisé à établir, que douze livres 5,440
kilog.) de mélasse, ou 10 livres (4,5 kilog.) de
sucre moscouade équivalent, ou fournissent autant de matière fermentescible qu'un boisseau
(30 litres) de malt de qualité ordinaire, c'est-à-
dire de celui qui est capable de produire 65 livres
(29,5 kilog.) de matière fermentescible solide par
quarter (242 litres) de malt.

De l'infusion.

La quantité d'eau à employer pour obtenir les différentes infusions doit être déterminée, d'après ce qui a déjà été dit, par les capacités relatives de la cuve-matière et de la chaudière; et l'on doit toujours avoir soin d'employer, pour la première infusion, une quantité d'eau telle qu'il en puisse résulter assez de liqueur pour que les parois de la chaudière ne soient pas endommagées par le feu.

On commence l'opération du mélange, ou de l'infusion, par placer la cuve-matière sur son support et dans la position la plus commode pour recevoir l'eau de la chaudière, et pour laisser un espace suffisant à la personne qui doit vaguer, c'est-à-dire remuer l'infusion; puis, ayant adapté à l'orifice du robinet entrant dans la cuve, et par lequel doit s'écouler la liqueur, une passoire d'osier recouverte d'une grosse toile serrée, afin d'empêcher les grains et la farine de passer avec la liqueur, on verse dans la cuve 10 gallons (environ 38 litres) d'eau bouillante par 5 *pecks* (environ 38 litres) de malt à employer, et l'on couvre alors la cuve. En supposant que la capacité de la chaudière ne puisse comporter que 7 ou 5 des 10 gallons (26 ou 19 des 38 litres) d'eau, dans ce cas on fait bouillir, aussi promptement que possible, les 3 ou 5 gallons (les 12 ou 19 litres) d'eau restant, et on les ajoute à l'eau qui est déjà dans la cuve, qu'on doit maintenir couverte pendant tout ce temps, jusqu'à ce que la liqueur dans le vaisseau soit devenue échauffée à une température uniforme.

Lorsque l'eau s'est refroidie à 180 ou 185 degrés Fahrenheit (82 ou 85 degrés centigrades), il faut qu'une personne verse peu à peu le moût dans la cuve, tandis qu'une autre agite, de manière à ce que le mélange avec l'eau s'opère si bien, qu'il n'y reste pas de morceaux, et que le tout présente une masse uniformément liquide ; on couvre alors la cuve avec des sacs, des couvertures, des tapis, ou toutes autres choses qui se trouvent sous la main, pour empêcher la vapeur de s'échapper. On doit continuer d'agiter le mélange pendant une demi-heure.

Après une heure et demie de repos de l'infusion dans l'hiver, et une heure en été, on tourne les robinets pour laisser écouler le moût dans le vaisseau destiné à le recevoir ; et pendant que cette infusion est en préparation, on a soin de remplir d'eau la chaudière, afin d'en avoir de toute prête pour la seconde infusion, avant que le premier moût ait été retiré du grist ou grain moulu.

Lorsqu'on se propose de ne brasser que 9 gallons (34 litres) de bière, la quantité d'eau qui

convient pour la seconde infusion est de 5 gallons et demi (environ 19 litres) par boisseau
(30 litres) de malt. Il faut que l'eau soit versée
sur le malt par une personne, tandis qu'une autre
est ocupée à agiter le mélange avec l'instrument
en forme de rame ou d'aviron, pendant au moins
une demi-heure. Si l'on a l'intention de ne brasser
qu'une seule espèce de bière, on peut recevoir le
second moût dans le même vaisseau qui contient
déjà le premier. Après une heure et demie de repos
du mélange, on le décante. La troisième infusion
doit être faite avec la quantité d'eau restante, et
elle n'a besoin de ne séjourner qu'une heure sur
le malt.

Quoique nous ayons établi trois infusions à faire
séparément, si le temps ou d'autres circonstances
ne permettent pas de les effectuer, on pourra
ne faire que deux infusions seulement sur le grain
moulu avec toute la quantité d'eau à employer.
Dans ce cas, on apercevra toujours une quantité
d'eau restante à la partie supérieure du malt,
parce que le mélange est trop clair, et il reste
une portion de matière extractive dans le grain
qui est empâtée par le second lavage; mais il
est toujours préférable de faire trois infusions.

La coutume d'étendre sur les matières dans la
cuve un lit, ou, comme on l'appelle, un chapeau de
grist ou grain moulu, pour conserver la chaleur,

peut altérer le malt. On atteint mieux ce but en étendant sur la cuve-matière une couverture ou un tapis pour y retenir la chaleur. Des 10 gallons (38 litres) d'eau employés pour chaque peck (7,5 litres) de malt, on n'obtiendra en moût que 5 gallons et demi (environ 21 litres); les 4 gallons et demi (environ 17 litres) restans étant retenus par le malt.

Cuisson ou ébullition du moût.

Après avoir mis dans la chaudière de cuivre, avec le premier moût d'aile (en supposant qu'on l'ait conservé à part pour brasser de l'aile), toute la quantité de houblon, on fait bouillir le mélange jusqu'à ce que la liqueur se *caille*, ou qu'elle devienne troublée par des flocons nuageux et épais; ce qui aura probablement lieu au bout d'environ une heure d'ébullition. On observe mieux le caillement ou la rupture de la liqueur, en retirant de la chaudière une bassine remplie du moût qu'on laisse refroidir; on y aperçoit alors distinctement les flocons.

Pendant que l'ébullition a lieu, il faut disposer les cuviers pour le refroidissement; à cet effet, on les élève au-dessus du plancher sur des supports, afin que l'air puisse circuler librement autour de leurs fonds. On met alors au-dessus d'eux

un tamis de crin supporté sur un châssis formé de
quatre morceaux de bois assemblés et ajustés ensemble, et reposant sur le bord du cuvier ; on y
verse ensuite, pour la faire passer à travers, la
liqueur qui a bouilli. On introduit alors le houblon dans la chaudière pour le faire bouillir de
nouveau avec le second et le troisième moût.

Si l'on ne peut conduire la cuisson ainsi qu'il
vient d'être dit, en raison de ce que la chaudière
dont on peut disposer est trop petite, il faudra,
lorsque le premier moût aura bouilli à moitié, en
retirer une partie pour faire place à une nouvelle
quantité de moût, et continuer l'ébullition jusqu'à
ce que tout le moût ait été concentré, et qu'il ait
agi sur le houblon.

Refroidissement du moût.

Après avoir fait bouillir la liqueur, on retire
avec soin le moût de la cuve-matière, et cette
cuve ayant été rincée avec de l'eau, on la remplit
du moût cuit, puis on la place dans un lieu où
elle ne soit plus exposée à un courant d'air froid,
pour servir de cuve guilloire pour le moût. Lorsque la liqueur contenue dans les différens cuviers,
en supposant qu'ils soient tous destinés à produire
de l'aile, s'est assez refroidie, de manière que la
température moyenne de tout le liquide reuni soit

de 62 à 65 degrés Fahrenheit (de 17 à 18 degrés centigrades), ce qui est à peu près la température du lait sortant de la vache ; après avoir introduit la liqueur dans la cuve guilloire, ou à fermentation, on y ajoute la levure, et, le vaisseau étant recouvert, on laisse le tout en repos dans un lieu d'une température modérément chaude. On doit cependant procéder au refroidissement du moût cuit avec le plus de promptitude possible, afin de l'empêcher de tourner à l'aigre, surtout dans la saison chaude.

La *quantité de levure* nécessaire pour exciter la fermentation du moût doit être dans la proportion d'un quarter (0,996 litres) de bonne levure épaisse, nouvelle, pour environ 40 gallons (environ 151 litres) de moût de bonne bière forte, ou de moût d'aile, et d'un pint et demi (0,710 litres) pour un pareil nombre de litres de moût de petite bière. Si l'opération se fait dans un temps froid, on peut plutôt augmenter la quantité indiquée ; il sera prudent au contraire de se tenir un peu au-dessous pendant l'été. Immédiatement après l'addition de la levure, il faut remuer le mélange pendant deux ou trois minutes, afin qu'il s'incorpore bien avec le moût. C'est une pratique fort bonne, quoique non absolument nécessaire, de faire fermenter à part la levure avant qu'on en ait besoin, en la délayant avec un peu de moût chaud, et en ajoutant de temps en temps plus de moût au mélange, à mesure que la fermentation a lieu. De cette manière, en effet, la totalité du premier moût peut être entrée en fermentation avant que le reste soit encore assez froid pour pouvoir être facilement mêlé avec la levure.

Fermentation du moût.

Lorsqu'on ne brasse que de la bière de table seulement, la liqueur refroidie doit être mise à fermenter avec la levure, à la température d'environ 65 degrés Fahrenheit (environ 18 degrés centigrades).

Si la fermentation a lieu très rapidement et qu'il paraisse y avoir à craindre que toute la liqueur ne déborde et ne se répande hors la cuve, on peut y rabattre la levure avec un bâton , et laisser la cuve non couverte; on peut même ouvrir une porte ou une croisée dans le lieu où elle est placée, pour y faire arriver de l'air froid, qui retarde le progrès de la fermentation.

Si la fermentation est languissante et faible, on peut introduire dans la cuve une ou deux grosses bouteilles de grès remplies d'eau chaude et bien bouchées , pour augmenter légèrement la température de la liqueur. Lorsque le chapeau de levure s'est élevé, et a pris un aspect uniforme;

et précisément au moment où il commence à s'abaisser, on l'enlève avec l'écumoire, en continuant d'écumer jusqu'à ce qu'il ne s'élève plus rien à la surface de la liqueur. La levure ainsi recueillie contient une certaine quantité de bière, qui se séparera du mélange par un repos de deux ou trois jours ; cette bière peut être ajoutée à la liqueur qui accompagne l'écume ; la fermentation de l'aile, lorsqu'on la brasse en petites quantités, est pour l'ordinaire complétement opérée dans deux jours, et la bière de table peut être promptement entonnée, après que la fermentation a eu lieu.

Clarification de la bière.

Lorsque la fermentation paraît être complète, on décante la liqueur fermentée de dessus le sédiment épais qui s'est formé au fond du vaisseau où elle a eu lieu, de ce vaisseau dans des tonneaux propres, préalablement rincés avec de l'eau bouillante, et les tonneaux en étant remplis, on frappe avec un maillet quelques coups sur les cercles, ce qui fait dégager quelques bulles d'air. La liqueur s'affaisse un peu, et laisse de la place pour y en ajouter en plus. Il s'établira encore une fermentation lente dans la bière, il se séparera une nouvelle quantité de levure, et elle se répandra hors des barils, qu'il faudra tenir placés les bondes un peu inclinées d'un côté. La même liqueur, écoulée des barils, lorsqu'elle a été recueillie dans un vaisseau placé à cet effet au-dessous des tonneaux, peut servir de nouveau pour remplir les barils, ou ils peuvent être entretenus pleins au moyen de l'addition de toute bière quelconque qu'on peut avoir sous la main.

Manière de donner un goût agréable à la bière domestique ou brassée chez les particuliers.

Lorsqu'on désire donner à la bière un goût agréable et particulier, il faut, après avoir renfermé dans un sac les substances dont on fait usage dans cette vue, tenir le sac suspendu dans la bière pendant que la fermentation a lieu, en ayant soin de le retirer lorsque l'effet qu'on voulait obtenir est produit. Il faudra donc goûter de temps en temps la bière, parce que souvent une très petite quantité de la substance employée pour donner le goût, peut remplir convenablement cet objet, tandis qu'une imprégnation plus forte rendra la bière désagréable à boire. On fait quelquefois usage, pour donner à l'aile domestique un goût qui flatte, des substances suivantes qui ne présentent aucun inconvénient, savoir : la graine de coriandre, la racine de gingembre, la racine de l'iris de Florence, celle du roseau odorant, les pois à odeur de fleur d'orange, et la racine de réglisse. Cependant c'est de la graine de coriandre qu'on fait principalement usage. Il faut écraser ces substances avant de les employer.

Mise de la bière en barils.

Lorsque la fermentation de la bière a entièrement cessé, on met la bonde au tonneau. C'est une mauvaise pratique que celle d'y introduire, dans la vue de coller la bière, une poignée de houblon, soit dans son état naturel, soit préalablement chauffé. Le houblon peut présenter l'inconvénient de boucher le robinet, et de plus il n'a pas la propriété de rendre la bière claire; elle le devient promptement, lorsqu'elle a été brassée avec tout le soin convenable. Il ne faut alors autre chose que du temps pour que sa qualité s'améliore; et, dans tous les cas, la bière bien fabriquée sera claire au bout de quatorze jours. Si la bière doit être mise dans des bouteilles de verre, il faut que ce soit avant que la fermentation insensible dans le baril ait cessé ou dès qu'elle est devenue claire; il faut avoir soin de faire de temps en temps, et surtout dans l'été, l'examen des tonneaux. Si quelque bruit de sifflement se fait entendre à la bonde, on peut la desserrer jusqu'à ce que la liqueur devienne tranquille;

mais il vaut mieux arrêter la fermentation, ce à quoi on peut parvenir en mouillant à plusieurs reprises et tout autour, le tonneau avec un torchon trempé dans de l'eau froide.

La bière étant bien préparée, et le travail de sa fabrication complétement achevé, il conviendra de la mettre à part dans le lieu où elle doit rester jusqu'à ce qu'on en fasse usage. Dès qu'elle sera placée dans le cellier, il faut ôter les bondes des tonneaux et les remplir tous pleins avec de la bière faite et claire, en ayant soin d'enlever de temps en temps l'écume s'élevant à la surface de la liqueur, et qui s'est formée par le remuage des barils. Après avoir ainsi écumé pendant deux ou trois jours, on replace la bonde en l'enfonçant de manière que le tonneau soit hermétiquement bouché, et l'on perce à côté, avec une vrille, un trou destiné à donner du vent au tonneau, en le fermant avec un douzil ou fausset qu'il faut avoir soin d'y tenir peu serré pendant un jour ou deux.

Collage de la bière.

Si la bière n'est pas claire, on peut la rendre telle en y ajoutant une petite quantité de colle de poisson dissoute dans de la bière vieille et aigre; mais c'est toujours un mauvais moyen. Il rend la bière, particulièrement si c'est de la

bière de table, ou de l'aile peu forte, susceptible
de tourner à l'aigre. Il faut considérer que la
qualité de la liqueur de malt d'être claire n'est
pas seulement essentielle comme agréable à l'œil,
mais qu'elle est aussi absolument nécessaire,
comme rendant la bière inaltérable ; et cet effet
ne serait pas produit par des moyens artificiels.

Il arrive quelquefois que de la bière forte fabriquée chez des particuliers, tourne à l'aigre, lorsqu'elle est gardée ; le seul moyen efficace pour la
rendre plus douce consiste à y ajouter une quantité égale de bière nouvelle, ce qui, dans peu de
semaines, la rend plus agréable au goût. Il est
d'usage, dans des ménages, de garder un fond
d'approvisionnement de bière fabriquée en mars ;
mais il est préférable d'avoir sa provision de bière
forte brassée dans le mois d'octobre, ou au commencement de novembre. L'aile de réserve peut
être brassée en mars ou avril ; et même l'aile ou
la petite bière se conserveront très bien, quelle
que soit l'époque de leur fabrication, à l'exception
d'un temps très chaud, pendant lequel il serait
prudent de s'abstenir tout-à-fait de brasser.

Lorsqu'après avoir collé la bière dans le tonneau, on a mis celui-ci en perce pour la boire, il
faut dès lors éviter de produire aucune agitation
dans le tonneau en le remuant et en le changeant
de place ; et, en effet, quoiqu'il ait pu ne pas en-

trer dans le tonneau du sédiment de la cuve à fermenter, il s'y dépose peu à peu de la bière, sous la forme de lie ou de fèces, une certaine quantité de levure, et tout remuement quelconque du tonneau, en mettant ces lies en mouvement, rendrait trouble toute la bière qu'il contient, indépendamment de ce qu'il peut en résulter l'excitation à une nouvelle fermentation insensible, qui peut tendre à détériorer la bière. Si la bière doit être transportée, il faut le faire avec précaution, en évitant de troubler le sédiment qui est au fond du tonneau, parce que le dépôt étant alors complétement opéré, il y aurait de l'inconvénient à donner lieu à ce qu'il se formât de nouveau. Il est nécessaire aussi que le tonneau soit mis en perce à une distance du fond qui permette à la bière de couler claire de dessus ce dépôt rassemblé à la partie plus basse du vaisseau.

Bière spruce.

On donne ce nom à une bière faisant effervescence, brassée avec de la mélasse et l'extrait du sapin spruce (*spinus canadensis*), substance qui lui donne un goût de térébenthine. On prépare cette bière de la manière suivante. Après avoir ajouté à 18 gallons (68 litres) d'eau bouillante, de

12 à 14 livres (de 5 à 6 kilogrammes) de mélasse, et de 14 à 16 onces (400 à 450 grammes) d'extrait de sapin spruce, on laisse refroidir le mélange, et lorsqu'il est encore un peu chaud, on y introduit un pint (environ un demi - litre) de levure, puis on l'abandonne à la fermentation ; pendant que la fermentation a lieu, on enlève la levure en écumant ; et lorsqu'elle commence à devenir languissante, ce qui a ordinairement lieu au bout de deux jours, on met la bière en bouteilles, et deux ou trois jours après, on peut la boire. Le sucre est préférable à la mélasse ; et si l'on peut substituer à l'eau du moût de malt de force ordinaire, comme celle d'un moût de 15 à 18 gallons (67 à 68 litres) produit par un boisseau (30 litres) de malt pâle, on obtient une bière spruce de beaucoup supérieure en goût.

On brasse de la même manière de *la bière spruce blanche*, en substituant à la mélasse du sucre ordinaire.

MÉTHODE POUR RECONNAÎTRE LE DEGRÉ DE FORCE,
OU LA QUANTITÉ D'ESPRIT CONTENU DANS DU PORTER,
DE L'AILE, OU D'AUTRES ESPÈCES DE LIQUEURS DE
MALT.

La force de toutes les espèces de bière dépend,
comme celle du vin, de la quantité d'esprit que
ces liqueurs contiennent dans un volume donné.
On sait qu'il n'y pas d'article qui offre plus de
variations que les liqueurs de malt; la cause en
est due, sans doute, à des différences dans les
modes de brasser la bière, quoique avec les mêmes
ingrédiens. On peut déterminer la force de toutes
ces espèces de liqueurs en opérant ainsi qu'il suit:
après avoir introduit une quantité quelconque de
la bière dans une cornue de verre, à laquelle est
adapté un récipient, on distille à une douce chaleur pendant tout aussi long-temps qu'il passe de
l'esprit dans le récipient; ce qui peut se reconnaître en chauffant de temps en temps un peu du
liquide distillé dans une cuiller placée au-dessus
d'une bougie allumée, et en mettant la vapeur de
ce liquide en contact avec la flamme d'un morceau de papier. Si la vapeur prend feu, on con-
tinuera la distillation jusqu'à ce qu'elle cesse de
produire cet effet en lui présentant un corps enflammé. Lorsqu'on a dû, d'après ces essais, arrêter

la distillation, on ajoute, par petites quantités à la fois, au liquide passé dans les récipiens, et qui n'est autre chose que l'esprit de la bière, combiné avec de l'eau, du sous-carbonate de potasse pur, préalablement desséché en le chauffant au rouge, jusqu'à ce que la dernière portion de ce sel introduite dans le liquide y reste sans se dissoudre. On sépare ainsi l'esprit de l'eau, le sous-carbonate de potasse lui enlevant toute celle qui y était unie ; et la combinaison de cette eau avec le sel descendant au fond du liquide, l'esprit seul la surnage. Si cette expérience est faite dans un tube de verre d'environ 1 ou 2 centimètres de diamètre, et gradué en 50 ou 100 parties égales, on pourra reconnaître, à la seule inspection, la quantité pour cent en mesure, de l'esprit contenu dans une quantité donnée de bière. Entre autres qualités de bon porter, il doit avoir celle de produire ce qu'on appelle en terme de l'art, *une tête écumeuse fine;* car les connaisseurs ne jugeront cette liqueur excellente qu'autant qu'elle produira cet effet recherché, lors même qu'elle aurait toutes les autres bonnes qualités de porter.

Pour donner au porter cette propriété d'écumer lorsqu'on le transvase d'un vaisseau dans un autre, ou de former ce qu'on appelle aussi *une tête de chouxfleur,* les détaillans y ajoutent, comme *donnant tête à la bière,* un mélange composé de vitriol vert commun (sulfate de fer), d'alun et de sel. Cette addition se fait ordinairement dans la proportion d'une demi-once (environ 15 gramm.) du mélange par baril (ou 136 litres de bière).

Suivant les lois anglaises chaque baril de bière ou d'aile fabriquée par les brasseurs publics établis dans la Grande-Bretagne, doit contenir 369 gallons, ou à raison de 3,785 litres par gallon (136 litres), suivant l'étalon, pour le quart d'aile conservé à la cour de l'Échiquier.

APPENDIX.

Appareil portatif pour la fabrication domestique de la bière, et manière de s'en servir.

La figure ici placée représente un appareil établi en plaques de fer, étamées à l'intérieur, et propre à brasser en petit des liqueurs de malt. Cet appareil consiste dans trois cylindres concentriques creux, ainsi qu'on le voit dans la figure, et dans un foyer mobile, formant la partie inférieure de la machine; le cylindre extérieur sert de bouilloire; en dedans de ce cylindre est placé le second vaisseau cylindrique, dont les parois et le fond sont percés de petits trous. Ce vaisseau est destiné à contenir le grist ou grain moulu, ce qui l'a fait nommer cylindre d'extraction. Le troisième cylindre percé, qui sert à faire arriver l'eau sur le grain moulu, est fixé au centre du cylindre d'extraction.

M. Néedham, l'inventeur de l'appareil, donne les instructions qui suivent sur l'usage de cette machine, au moyen de laquelle il annonce qu'avec un boisseau ; 8 gallons (environ 3o litres) de malt, et de trois quarts à un pound (de 34o à 453 grammes), on peut brasser 9 gallons (34 litr.) d'aile et une pareille quantité de bière de table. « Mettez dans l'appareil autant d'eau froide qu'il en faudra pour couvrir le fond percé du cylindre d'extraction, et allumez le feu dans le foyer *a*; mettez alors dans ce cylindre percé du grist ou grain moulu, en quantité telle que trois parties le rempliraient, en ayant soin qu'il ne tombe rien de ce grist dans le cylindre du centre, qu'il faudra tenir couvert, mais seulement pendant qu'on y mettra le malt; et aussi, pendant l'opération de l'infusion du malt, il ne faudra non plus rien laisser passer entre le cylindre d'extraction et le vaisseau extérieur ou bouilloire. Cela étant fait, on introduit dans le cylindre percé du centre de l'appareil, autant et plus d'eau froide qu'il n'en faudrait pour recouvrir le malt, et une heure après

que le feu a été allumé dans le foyer, on remue
bien le malt avec un bâton à agiter les infusions,
pendant environ dix minutes, de manière que
chaque particule du malt ait pu être divisée et in-
corporée avec l'eau. On laisse alors la chaleur s'é-
lever par degrés jusqu'à 175 degrés Fahrenheit
(environ 80 degrés centigrades); on remue de
nouveau, et, lorsque le mélange a atteint la température de 18 degrés Fahrenheit (82,22 centigr.),
on amortit le feu avec des cendres humides, pour
que l'infusion ne devienne pas trop chaude. Après
avoir laissé reposer ce mélange pendant deux heures
et demie, on tire, en le décantant très doucement,
le moût au clair; et, après l'avoir transféré dans
l'un des rafraîchissoirs, on met le houblon, préalablement froissé avec les mains pour en rompre
les morceaux, sur la surface du moût pour le
maintenir chaud, jusqu'à ce qu'il soit retourné en
dessous dans la machine pour le faire bouillir.
Après avoir décanté le premier moût ou *moût
d'aile*, on fait passer dans la machine, à travers
le cylindre du centre, autant et plus d'eau froide
qu'il n'en faudrait pour recouvrir le grist ou grain
moulu ; on rallume le feu, et, au bout d'une demi-
heure de repos, on remue le malt pendant environ
dix minutes, et l'on fait chauffer aussi promptement que possible l'infusion à 180 degrés Fahrenheit, 82,22 degrés centigrades); on abat de nouveau

le feu, et après avoir laissé reposer l'infusion pendant une heure, on décante avec précaution le second moût ou *bière de table*, de manière qu'on puisse l'obtenir clair; et, après l'avoir mis dans l'un des autres rafraîchissoirs, on le recouvre, afin de le maintenir chaud jusqu'à ce qu'on le reporte dans la machine pour bouillir. Après avoir ainsi tiré le second moût ou *moût de bière de table*, si l'on a l'intention d'obtenir un troisième moût, on met dans la machine la quantité d'eau froide qu'on peut juger convenable, on la fait très promptement chauffer à 170 degrés Fahrenheit (environ 77 degrés centigrades); et, après l'avoir tirée au clair au bout d'une heure, on y ajoute le dernier moût obtenu. On enlève alors avec une pelle à main, les grains du cylindre, et l'on ôte de sa place le cylindre extérieur ou bouilloire; et, après avoir nettoyé, avec un balai et de l'eau, ce cylindre bouilloire, on replace le cylindre percé dans la machine. On met alors le premier moût obtenu, ou *moût d'aile*, avec tout le houblon à employer, dans le cylindre extérieur, en ayant soin d'ôter le couvercle du vaisseau du centre, et, après avoir fait promptement bouillir le moût et l'avoir tenu bouillant pendant une heure, on éteint le feu; on décante le moût dans l'un ou un plus grand nombre de rafraîchissoirs, qu'il faudrait placer en plein air, afin que le moût puisse refroidir promptement. Après avoir retiré le moût d'aile, on remet le second moût, ou le moût de bière de table, ensemble avec le moût obtenu de la troisième infusion, dans la machine contenant le houblon resté de celui du moût d'aile ; on fait bouillir le mélange ; et, après l'avoir tenu ainsi en ébullition pendant une heure, on éteint le feu. on tire le moût, qui est mis dans un rafraîchissoir. Lorsque la température du moût a été refroidie à 70 degrés Fahrenheit (21,11 degrés centigrades), on ajoute une roquille (*gill*) de levure épaisse par chaque quantité de neuf gallons (34 litres) du moût dans les rafraîchissoirs, en mêlant d'abord la levure avec un peu de moût, pour qu'il puisse se combiner plus aisément avec le moût bouilli. Lorsque le moût d'aile est refroidi à 60 degrés Fahrenheit (environ 16 degrés centigrades), on le décante des rafraîchissoirs avec la levure, et on le met dans le bouilloire de la machine, préalablement nettoyée du houblon, et dont on a enlevé le cylindre percé ; on l'y laisse fermenter jusqu'à ce que la tête de levure ait pris l'aspect d'une croûte brune, épaisse d'un pouce ou deux (de 25 à 50 centimètres), ce qui a ordinairement lieu dans l'espace de deux ou trois jours. Si la température de l'air est au-dessous de 55 degrés Fahrenheit (de 13 à 15 degrés centigrades), il vaut mieux placer le moût qui fermente dans une situation où il ne soit pas exposé à un coup d'air froid ; le cellier destiné à mettre la bière qu'on doit garder , peut servir également de lieu le plus convenable dans cette circonstance. Lorsque la tête de levure a l'aspect ci-dessus indiqué , on tire la bière dégagée de la levure et du sédiment au fond, dans un tonneau net , de capacité juste à la contenir ; et, quand la fermentation a entièrement cessé , on y met une poignée de houblon ; et, après avoir fermé hermétiquement le tonneau avec la bonde , on le place dans un cellier frais. On pourra faire usage de cette aile au bout de trois ou quatre semaines.

« Le second moût, ou moût de bière de table, serait transféré des rafraîchissoirs, ensemble avec la levure et le sédiment, dans un tonneau ouvert à la partie supérieure, et on le laisserait fermenter.

« *Pour brasser l'aile de table* , on mêle ensemble les premier et second moûts ; on laisse fermenter le mélange, et l'on procède ensuite de la même manière que celle ci-devant indiquée.

« Si l'on doit faire, pour le présent, usage de la bière, prenez trois quarts d'un pound (environ 340 grammes) de houblon pour chaque boisseau, 8 gallons (environ 30 litres) de malt brun ; mais, s'il s'agit de bière à garder en magasin, prenez un pound (453,439 grammes) de houblon pour chaque boisseau (environ 30 litres) de malt, et procédez ensuite de la même manière qu'on l'a décrit pour brasser l'aile avec la bière de table. Le premier moût, si on l'a fait fermenter séparément, sera du fort porter (*stout porter*), et l'on pourra en faire usage au bout de trois ou quatre semaines ; le second moût sera de la *bière de table*, et il pourra être d'un bon usage aussitôt qu'il sera clair, c'est-à-dire au bout d'une semaine. Si les premier et second moûts sont mêlés ensemble, comme pour l'aile de table, la bière deviendra porter ordinaire (*common porter*).

« *Pour brasser la bière de table.* Si l'on doit faire immédiatement usage de cette bière, prenez un demi-pound (environ 227 grammes) de houblon par boisseau (par chaque quantité de 30 litres) de malt pâle, qu'il faudrait employer. Le procédé pour brasser pourrait être le même que celui prescrit pour brasser la bière de table avec l'addition d'un troisième moût. »

Le grand avantage de l'appareil qui vient d'être décrit est d'offrir une machine portative, dont la construction est simple, et qui n'est susceptible d'aucun accident.

On se sert de cette machine pour faire de la bière avec beaucoup de facilité, et l'on obtient toujours des résultats certains. Elle exige peu de combustible, il n'y a pas de perte par l'évaporation, et tout l'arome du houblon se trouve conservé. Elle produit, sans avoir besoin de brasser, un moût riche en parties extractives du malt et du houblon, qu'on obtient avec grand avantage, au moyen des précautions prises pour opérer leur ébullition. On voit que le malt et le houblon, quoique dans des compartimens séparés, peuvent communiquer librement à l'eau leurs parties extractives, sans rien perdre de leurs principes volatils, ce qui produit le grand avantage de pouvoir faire de la bière en peu d'heures. Le moût obtenu par ce procédé est si bien disposé à fermenter, que peu de temps après qu'il a été mis en tonneau, il produit une bière transparente, plus riche en matière extractive et en arome qu'on puisse l'obtenir par aucune autre méthode.

DE L'ADULTÉRATION OU ALTÉRATION FRAUDULEUSE DE LA BIÈRE.

Les liqueurs de malt, et particulièrement le porter, la boisson favorite des habitans de Londres, sont des articles dans la fabrication desquels il se commet fréquemment les plus grandes fraudes.

Le brasseur est astreint par les règlemens à ne faire emploi, dans sa fabrication, d'aucuns autres ingrédiens que de malt et de houblon. Mais il n'arrive que trop souvent qu'en croyant prendre une boisson nourrissante formée avec ces deux substances seulement, on est entièrement trompé. Le breuvage peut, dans le fait, n'être plus ou moins autre chose qu'un composé de substances les plus délétères; et il est clair aussi que toutes les classes de la société sont également exposées à subir les funestes effets de la fraude coupable.

Cependant, quelques défenses qui aient été faites par plusieurs actes du parlement anglais, aux brasseurs de porter, de rien ajouter dans sa fabrication aux ingrédiens prescrits, je peux affirmer d'après l'expérience, dit M. Child, auteur d'un Traité pratique sur la fabrication du porter, qu'ils ne pourraient produire le goût agréable actuel du porter sans le mélange de diverses drogues. C'est à ce mélange que doivent être attribuées les qualités enivrantes du porter : il est

évident que certain porter est plus capiteux qu'un
autre, et cela vient de la plus ou moins grande
quantité d'ingrédiens stupéfians. Il faudrait, pour
faire produire à du malt l'enivrement, l'employer
en si grandes quantités, que la dépense en cette
matière diminuerait de beaucoup, si elle ne l'ab-
sorbait pas en totalité, le bénéfice du brasseur.

ANCIENNE PRATIQUE D'ALTÉRATION FRAUDULEUSE DE LA BIÈRE AVEC DES SUBSTANCES NUISIBLES A LA SANTÉ, ET PROGRÈS RAPIDES DE CETTE FRAUDE.

Le moyen d'altérer frauduleusement la bière
paraît avoir été anciennement connu ; car ce n'est
pas d'une époque moins rapprochée que celle du
temps de la reine Anne que prohibitions furent
faites, sous des peines sévères, aux brasseurs de
mêler dans leur bière du *cocculus indicus* ou tous
autres ingrédiens quelconques pouvant être mal-
faisans. On trouve peu d'exemples de convictions
de contravention à cet acte du parlement dans les
registres publics pendant à peu près un siècle. Il
suffira de présenter ici un relevé pris dernièrement
dans les minutes des comités de la maison commune de Londres, pour faire voir combien cette
contravention s'est multipliée de nos jours. Ces documens fourniront amplement la preuve que non

seulement il est fait emploi, par des brasseurs qui ont l'intention de frauder, d'ingrédiens autres que ceux dont l'usage est permis, mais encore qu'il se vend et par les brasseurs et par les droguistes, des substances nuisibles, dans la vue d'altérer frauduleusement la bière.

La fraude qui a pour objet de donner au porter et à l'aile la qualité enivrante au moyen de substances narcotiques, a commencé à prendre vogue à l'époque de la dernière guerre avec la France ; car, si l'on consulte la liste d'importation des droguistes, on y remarquera que les quantités de cocculus indicus importées dans un temps donné antérieurement à cette époque, ne peuvent entrer en comparaison avec la quantité de cette substance importée dans le même espace de temps pendant la guerre, quoiqu'elle fût alors assujétie à un droit additionnel imposé alors sur le cocculus indicus. La quantité qui en fut importée en Angleterre dans l'espace de cinq ans s'éleva à un tel point qu'elle excède de beaucoup celle importée pendant douze ans avant l'époque ci-dessus citée. Le prix de cette drogue s'est élevé dans l'espace de ces dix années de deux à sept shillings le pound (de 2 francs 40 centimes à 8 francs 40 centimes les 453,439 grammes).

Ce fut à cette même époque de la guerre avec la France que figura pour la première fois, dans les prix couraus des *brasseurs-droguistes*, la préparation d'un extrait de cocculus indicus, comme un article nouveau de vente. Ce fut dans le même temps qu'un M. Jackson, de remarquable mémoire, eut l'idée de fabriquer de la bière avec différentes drogues, sans aucun emploi de malt ou de houblon. Ce chimiste ne chercha point à se faire brasseur; mais il fit un commerce beaucoup plus profitable pour lui, en enseignant son secret aux brasseurs, moyennant un bon salaire. A partir de cette époque, on mit en vente des instructions écrites et des ouvrages contenant des recettes pour substituer des préparations chimiques à l'emploi du malt et du houblon, et bientôt après il se présenta partout un grand nombre d'adeptes, se proposant d'instruire les brasseurs dans la pratique coupable qu'avait signalée le premier M. Jackson. Ce fut à partir de ce temps aussi que s'établit la confrérie des brasseurs-chimistes. Ils firent leur affaire principale d'envoyer dans tout le pays des voyageurs avec des listes et des échantillons, offrant le prix et la qualité des articles qu'ils fabriquaient pour l'usage des brasseurs seulement. Leur commerce s'étendit au loin et devint considérable; et ce fut principalement parmi les brasseurs du pays que se trouvèrent le plus de pratiques, comme c'est parmi eux, j'en ai la certitude par quelques uns de ces brasseurs dans la véracité desquels on peut avoir confiance, que les ingrédiens défendus par la loi sont vendus en plus grande quantité.

Un acte du parlement, passé sous le règne de George IV, défend, sous des peines sévères, aux chimistes, aux épiciers en gros et aux droguistes, de fournir aux brasseurs des ingrédiens proscrits par la loi, et cependant, malgré cette prohibition, le nombre des contrevenans est encore assez grand.

REMARQUES SUR LE PORTER.

Le mode de fabrication du porter n'a pas été, dans tous les temps, celui qu'on suit aujourd'hui.

La seule différence essentielle dans les méthodes de fabriquer cette liqueur et d'autres espèces de bière, ne consistait d'abord qu'en ce que l'on ne brassait le porter qu'avec du malt brun seulement, et l'emploi de ce malt procurait et la couleur et le goût requis. Depuis peu, on fait usage pour fabriquer le porter, de mélange de malt pâle et de malt brun,

Dans quelques brasseries, on fait infuser séparément ces malts, et l'on mêle ensuite ensemble le moût qui s'obtient de chacun d'eux. Les proportions de malt pâle et de malt brun, dont on fait emploi pour fabriquer le porter, varient dans différentes brasseries. Dans quelques unes, ces proportions sont d'environ deux parties de malt pâle, et d'une partie de malt brun ; mais chaque brasseur paraît avoir adopté sa proportion particulière que le manufacturier intelligent varie suivant la nature et les qualités du malt : 3 pounds (environ 1,360 kilog.) de houblon sont le taux moyen d'emploi pour chaque baril, de 36 gallons (136 litres) de porter.

Lorsque le prix du malt, à raison de la grande augmentation de valeur de l'orge pendant la dernière guerre, était très élevé, les brasseurs de Londres découvrirent qu'on pouvait obtenir une plus grande quantité de moût, d'une force donnée, du malt pâle que du malt brun. Ils augmentèrent donc la quantité de ce premier malt, et diminuèrent celle du second. Il en résulta de la bière d'une couleur plus pâle et d'un goût moins amer. Pour remédier à ces désavantages, ils imaginèrent d'avoir recours à une substance colorante artificielle qu'ils préparaient en faisant bouillir du sucre brun, jusqu'à ce qu'il eût acquis une couleur brune très foncée. C'est avec une dissolution de cette substance qu'ils donnaient à la bière la couleur requise. Quelques brasseurs faisaient usage de l'infusion de malt au lieu de sucre colorant. Pour communiquer à la bière un goût amer, le brasseur emploie, comme remplaçant le houblon, du bois de *quassia amara* et de l'absinthe.

Mais, comme la coloration de la bière au moyen de sucre devenait, dans beaucoup de cas, un prétexte pour employer des ingrédiens illégaux, le parlement voulant éviter le mal qui pouvait résulter de cet emploi, et qui en résultait effectivement, prohiba, par un acte de juillet 1817, l'usage du sucre brûlé, et statua que, dès lors, il ne serait plus permis de faire entrer dans la composition de la bière autre chose que du malt et du houblon; on considère même comme contraire à la loi, la colle de poisson servant à clarifier la bière.

L'acte du parlement, relativement à la coloration de la bière, ne fut pas plus tôt connu, que d'autres personnes obtinrent une patente dans le but d'effectuer le moyen de donner au porter une couleur artificielle, à l'aide du malt brun spécifiquement préparé pour cet objet seulement. La bière, colorée par la nouvelle méthode, est plus susceptible de s'altérer que celle colorée par l'ancienne pratique. Le malt qui donne la couleur ne contient aucune matière sucrée. Le grain est converti, par simple torréfaction, en une substance de nature gommeuse, entièrement soluble dans l'eau, qui rend la bière plus susceptible de passer à la fermentation acéteuse que le malt brun ordinaire, parce que ce dernier, s'il est préparé avec de l'orge de bonne qualité, contient une portion de matière sucrée, dont le malt employé d'après la patente, est dépourvu.

Mais, comme le malt brun est généralement préparé avec la plus mauvaise espèce d'orge, et que le malt de patente ne peut l'être qu'avec de bons grains, il peut devenir, par cette raison, un article utile pour le brasseur (au moins il donne de la couleur et du corps à la bière); mais il ne peut matériellement économiser la quantité de malt nécessaire pour produire de bon porter. Quelques brasseurs éclairés de Londres m'ont assuré que l'emploi de ce mode de coloration de la bière n'est nullement nécessaire et qu'on peut brasser beaucoup mieux, sans y avoir recours, du porter de la couleur requise; d'où il suit qu'il n'est pas fait emploi de cette espèce de malt dans leurs établissemens. La quantité de matière de nature gommeuse qu'il contient fournit beaucoup trop de ferment à la bière et la rend sujette à s'altérer. Des expériences répétées en grand ont établi ce fait.

FORCE ET DIFFÉRENCES SPÉCIFIQUES DES DIVERSES ESPÈCES DE PORTER.

La force de toutes les espèces de bière dépend, comme celle du vin, de la quantité d'esprit contenue dans un volume donné de la liqueur.

Il paraît à peine utile de faire observer qu'il n'est pas d'article qui présente plus de variétés que celui du porter; ce qui résulte sans doute des différens modes de fabriquer la bière, quoique avec les mêmes ingrédiens. Cette différence est plus frappante encore dans le porter qui se fait par les brasseurs étrangers à la ville de Londres, qu'elle ne l'est pour la bière fabriquée par les principaux brasseurs de cette capitale. La totalité du porter de Londres ne présente que de très légères différences, tant sous le rapport de la force que relativement à la quantité d'esprit et de la matière extractive solide qui y sont contenus dans un volume donné; la quantité d'esprit peut être établie au taux moyen de 1,50 pour cent dans le porter vendu au détail; la matière solide s'élève, terme moyen, de 21 à 23 pounds (de 9 à 10 kilog.) par baril de 36 gallons (136 litres). Le porter qui n'a pas été brassé à Londres est rarement convenablement fermenté, et, contenant une assez grande quantité d'esprit, il est ordinairement abondant en mucilage, ce qui le fait devenir trouble, lorsqu'on le mêle avec de l'alcool : une semblable bière ne peut être gardée sans s'aigrir.

On s'est plaint fréquemment de ce que *tout* le porter qui se fabrique aujourd'hui n'est plus le porter de la qualité de celui qui se faisait autrefois : cette idée peut être vraie, mais avec quelques exceptions. Je me suis trouvé, par les occupations de ma profession, maintes fois dans le cas, pendant ces vingt-huit dernières années, d'avoir à examiner la force du porter de Londres de la fabrication de différens brasseurs, et d'après les résultats de mes essais à ce sujet, dont j'ai conservé les minutes, je suis autorisé à établir en fait que le porter que fabriquent aujourd'hui les principaux brasseurs de Londres est, sans aucun doute, plus fort que celui qui se brassait à différentes époques pendant la dernière guerre avec la France. Des échantillons de bière forte brune, dont m'ont obligeamment fait part, pendant que j'écrivais ce Traité, MM. Barclay, Perkins et MM. Henry Meux et autres brasseurs distingués de cette capitale, donnaient, terme moyen 0,725 pour cent d'alcool, de la pesanteur spécifique de 0,833; et le porter provenant des mêmes établissemens fournissait, taux moyen, 5,25 pour cent d'alcool, de la même pesanteur spécifique. Cette bière reçue des brasseurs était prise dans le même magasin où se fournissent les détaillans.

Il est néanmoins particulièrement à observer que, sur quinze échantillons de bière des mêmes dénominations, qu'on se procura chez différens détaillans, les proportions d'esprit se trouvèrent considérablement plus faibles que les quantités ci-dessus indiquées. Des échantillons de bière brune forte, pris chez des détaillans, fournissaient un taux moyen de 6,50 pour cent d'alcool, et la force moyenne du porter était de 1,50 pour cent. D'où peut provenir cette différence entre la bière fournie par le brasseur et celle vendue par le détaillant? Nous ne perdrons pas de temps à chercher à répondre à cette question, lorsque nous trouvons qu'il y a un aussi grand nombre de détaillans de porter qui ont été poursuivis pour avoir mêlé de la bière de table avec leur bière forte, et convaincus de cette fraude. Ce mélange est prohibé par la loi, ainsi que cela résulte évidemment des actes passés sous le règne de George IV, chapitres 14 et 53.

PRATIQUE FRAUDULEUSE D'ALTÉRER LA BIÈRE AVEC DES SUBSTANCES QUI NE SONT PAS DANGEREUSES POUR LA SANTÉ.

Nous avons déjà dit que la loi ne permet de faire entrer autre chose dans la composition de la bière que du malt et du houblon.

Les substances employées frauduleusement par les brasseurs, et qui peuvent altérer la bière, sont principalement celles qui suivent, savoir :

La *quassia amara*, qu'on substitue au houblon pour donner de l'amertume à la bière ; mais le houblon a un goût aromatique plus agréable ; et il y a lieu de croire qu'il rend la bière moins susceptible de se gâter, lorsqu'elle est gardée ; propriété que ne donne point la *quassia*. Il n'est pas facile de distinguer bien clairement l'amertume particulière due à cette substance dans son emploi pour altérer frauduleusement le porter. Il se vend de très grandes quantités des copeaux de ce bois, dans un état de demi-torréfaction et broyés, dans le but de masquer son caractère évident, et d'empêcher de le reconnaître parmi le très grand nombre de matériaux des brasseurs. On a fait également emploi de l'absinthe pour altérer frauduleusement la bière. L'altération du houblon est prohibée par la loi.

La bière rendue amère au moyen de la *quassia* ne se conserve jamais bien, à moins qu'elle ne soit gardée dans un lieu jouissant d'une température considérablement plus basse que celle de l'atmosphère environnante, ce qui n'est pas facilement praticable dans de grands établissemens.

Le moyen qu'on emploie de faire bouillir le moût de bière avec le houblon a en partie pour objet de lui communiquer une saveur aromatique agréable qui réside dans le houblon, en partie pour couvrir le goût douceâtre de la matière sucrée non décomposée ; et aussi pour séparer, par l'effet de l'acide gallique et du tannin que contient le houblon, une portion de mucilage végétal particulier, ressemblant un peu au gluten qui est encore disséminé à travers la bière. Le composé, ainsi produit, se sépare en petits flocons semblables à ceux de savon coagulé ; et par ces moyens la bière est rendue moins susceptible de se gâter. Rien, en effet, ne contribue davantage à la conversion de la bière, ou de tout autre liquide vineux quelconque, en vinaigre, que la présence de mucilages. Il s'ensuit que toutes les ailes fortement visqueuses, dans lesquelles le mucilage est abondant, et qui sont en général mal fermentées, ne se conservent pas aussi bien que le fait de l'aile parfaite La *quassia* n'est donc pas d'un emploi convenable, comme pouvant être substituée au houblon, et même le houblon anglais est préférable à celui importé du continent; car du nitrate d'argent et de l'acétate de plomb produisent dans une infusion de houblon d'Angleterre un précipité plus abondant qu'il n'est possible d'en obtenir un à l'aide des mêmes réactifs, d'une infusion semblable de houblon étranger.

Une des qualités du bon porter est qu'il puisse fournir et supporter *une tête écumeuse fine*, ainsi que cela s'appelle en langage technique, parce que des juges experts de cette boisson ne croiraient pas pouvoir prononcer la liqueur excellente, quoiqu'elle eût d'ailleurs toutes les autres bonnes qualités du porter, si elle ne pouvait pas satisfaire à cette condition.

Pour donner au porter la propriété d'être écumeuse, en la transvasant d'un vaisseau dans un autre, ou pour produire ce qu'on appelle aussi une tête *choux-fleur*, on ajoute le mélange appelé *formant tête de bière*, composé de vitriol vert ordinaire (sulfate de fer), d'alun et de sel. Cette addition à la bière se fait généralement par les détaillans. Elle n'est pas nécessaire pour la bière naturelle qui jouit par elle-même de la propriété de fournir une forte écume blanche sans le secours de ce mélange; et ce n'est que par suite du mélange de bière de table avec de la bière forte que le porter perd la propriété d'écumer. D'après des

expériences que j'ai suivies sur ce sujet, j'ai lieu
de croire que la sulfate de fer qu'on ajoute dans
cette vue ne peut pas produire l'effet qu'on lui
attribue. Mais souvent les détaillans, lorsqu'au
moyen de la colle à poisson ils clarifient un *butt*
de bière (la botte de bière contient 208 gallons,
soit environ 409 litres), altèrent frauduleusement
en même temps le porter avec de la bière de table,
en y ajoutant de la mélasse et une petite portion
d'extrait de racine de gentiane, à l'effet de conserver le goût particulier du porter; et c'est principalement la mélasse qui donne à la bière un degré
d'épaississement auquel on doit attribuer la propriété d'être écumeuse; car sans la mélasse le sulfate de fer ne produit pas cette propriété dans de
la bière étendue. On fait usage du poivre de Guinée (*capsicum*) et de semence de paradis, deux
substances éminemment âcres, pour donner du
piquant à de la bière faible insipide. On a fait
dernièrement emploi, dans la même vue, d'une
teinture concentrée de ces articles; et cette teinture, d'un effet puissant, a figuré dans les prix
courans des brasseurs-droguistes. La racine de
gingembre, les semences de coriandre et les écorces
d'orange sont employées principalement par les
brasseurs d'aile comme substances donnant un
goût agréable.

D'après ce qui vient d'être dit, et les saisies qui

ont été faites dans diverses brasseries d'ingrédiens
illégaux, il est évident que les altérations frauduleuses de la bière ne sont point imaginaires. Il est
à remarquer cependant que quelques unes de ces
sophistications sont comparativement innocentes,
tandis que d'autres ont lieu au moyen de substances nuisibles à la santé.

ALTÉRATION FRAUDULEUSE DE BIÈRE FORTE AVEC DE PETITE BIÈRE.

Une autre fraude fréquemment commise, et par
les brasseurs et par les détaillans, est celle qui
consiste à mêler de la petite bière avec de la bière
forte. Cette fraude, qui se fait au détriment du
public et du revenu de l'état, est prohibée par
la loi. Le droit imposé sur la bière forte est de
10 schillings par baril (12 francs par 136 litres),
et celui établi sur la bière de table est de 2 schillings (2 francs 40 centimes) pour la même quantité d'un baril (ou 136 litres). Le revenu public
souffre, parce qu'il se vend une plus grande quantité de bière de table que de bière forte, et, en
même temps, les brasseurs perdent, parce que
le détaillant délivre de la bière de table, ou bière
douce, et la débite comme bière forte.

Dans les termes de l'acte du parlement, qui
défend aux brasseurs de mêler de la bière de table

avec de la bière forte, le solliciteur de l'excise observe relativement à ceux qui commettent cette fraude, qu'il y a généralement des brasseurs qui font le double trafic de fabriquer et de la bière forte et de la bière de table. Il est presque impossible de les empêcher de mêler l'une avec l'autre, et il a été découvert à cet égard des fraudes très considérables. Un brasseur à Plymouth a trouvé le moyen d'éluder ainsi les droits pour une somme s'élevant à 32000 livres (768000 francs). Dans les environs de Londres plus particulièrement, continue le solliciteur de l'excise, j'en parle d'après une grande expérience, les documens que j'ai reçus et la conviction que j'ai acquise, les détaillans grèvent le public des effets de la fraude la plus étendue, en achetant de la bière de table vieille ou les fonds de tonneaux. Il est une classe d'hommes qui fait des tournées pour vendre de semblable bière au prix de la bière de table, à des pourvoyeurs publics, qui la mêlent dans leurs celliers. S'ils reçoivent des brasseurs de la bière qui est douce, ils achètent de la bière vieille; et s'ils reçoivent de la bière vieille, ils achètent, dans cette vue, de la bière ordinaire; et il est fait nombre de poursuites contre ce délit.

REMARQUES CONCERNANT L'ORIGINE DE LA BIÈRE
APPELÉE PORTER.

Il est bon de faire connaître que tout détaillant a deux sortes de bière qui lui sont fournies par le brasseur : l'une qui est appelée bière *douce*, est la bière livrée fraîche par le brasseur, telle qu'elle a été fabriquée ; l'autre se nomme *vieille* ou *ancienne*, c'est-à-dire bière qui a été brassée dans la vue de la conserver, et qui a été gardée en magasin pendant un an ou dix-huit mois. On entend par bière nommée *entière*, celle tirée entièrement d'un seul et même tonneau ou *butt*, botte. Le système est actuellement changé, et le porter est très généralement composé de deux espèces, ou plutôt de la même espèce de liqueur dans deux états différens, dont le mélange en proportion convenable flatte le goût, ce que ne produit pas cette liqueur dans l'un ou l'autre de ces deux états seulement. Dans l'un de ces deux états, c'est du porter *doux*; et dans l'autre, le porter *vieux*. Le premier a un goût légèrement amer, l'autre a été gardé plus long-temps. Le détaillant établit ce mélange de manière à l'adapter au goût de ses pratiques ; et il l'effectue très aisément au moyen d'une machine contenant de petites pompes qu'on fait mouvoir à bras. Le détaillant se sert de ces pompes avec tant de dextérité, qu'un observateur indifférent suppose que, puisque tout vient d'un seul jet, c'est de la botte de bière entière de bon porter seulement, ainsi que l'annonce le détaillant, et cependant il y a de la différence quoiqu'elle ne soit pas facile à distinguer. J'ai appris par plusieurs des principaux brasseurs que, dans ces derniers temps, il se consommait une beaucoup plus grande quantité de bière douce que de bière vieille.

COMPOSITION DE LA BIÈRE ANCIENNE, OU BIÈRE ENTIÈRE.

La bière entière des brasseurs modernes consiste, suivant que l'établit C. Barclay, dans de la bière fabriquée exprès pour être gardée; dans une semblable vue, elle contient une portion de bière de renvoi des détaillans; de la bière provenant des fonds des cuves; de la bière retirée des conduits qui transportent la bière d'une cuve dans une autre. Cette bière est recueillie et mise dans des cuves. Elle contient aussi, suivant M. Barclay, une certaine portion de bière forte brune, qui est de 20 schellings le baril (24 francs les 136 litres) plus chère que la bière ordinaire; et de la bière en bouteilles, qui est de 10 schellings 12 fr) plus chère le baril (ou les 136 litres). Toutes ces bières réunies sont mises dans des cuves, et la durée de temps qu'elle doit rester dans les cuves avant de devenir parfaitement claire dépend de diverses circonstances. Cette bière, lorsqu'elle est claire, est envoyée aux détaillans pour leur bière entière, et quelquefois on y mêle une petite quantité de bière douce.

Dans cet état, la bière entière est donc un mélange très hétérogène, composé de tous les restans et bière gâtée des détaillans; des fonds du restant dans les pots, du nettoiement des machines qui ont servi à brasser la bière; de la bière qui est restée dans les conduits en plomb de la brasserie, avec une portion de bière forte brune, de bière en bouteilles et de bière douce.

PRATIQUE FRAUDULEUSE QUI CONSISTE A CONVERTIR DE LA BIÈRE NOUVELLE EN BIÈRE ANCIENNE, OU BIÈRE ENTIÈRE.

La bière ancienne ou entière, que nous avons dit avoir été obtenue par MM. Barclay et autres principaux brasseurs de Londres, est, sans contredit, un bon composé; mais il ne paraît plus nécessaire parmi les brasseurs qui cherchent à frauder, de fabriquer de la bière dans l'intention de la conserver, ou de la garder un an ou dix-huit mois; on a découvert une méthode plus facile, plus expéditive et plus économique pour convertir toute espèce de bière en bière entière, par le simple mélange d'une portion d'acide sulfurique. On rend ainsi dans un instant une bière paraissant plus vieille de dix-huit mois.

Cette pratique, qu'on appelle en termes techniques *pousser la bière en avant*, est mauvaise. La bière naturelle ancienne ou entière du brasseur honnête, est un composé tout-à-fait différent ; il est d'un goût riche, généreux, sans être acide, et d'une odeur vineuse; mais on peut ne pas généralement savoir que cette espèce de bière fournit toujours une proportion d'alcool moindre que celle produite par de la bière douce. On voit donc que la pratique de pousser la bière en avant ne peut être mise en usage que par les brasseurs qui ont l'intention de frauder. Si au contraire le brasseur se trouve surchargé de bière ancienne, il a recours à un moyen opposé, celui de convertir la bière vieille à moitié gâtée ou aigre, en bière douce, par le simple mélange d'un alcali ou d'une terre alcaline. On fait ordinairement emploi, dans ce cas, d'écailles d'huîtres en poudre, ou de sous-carbonate de potasse ou de soude. Ces substances neutralisent l'excès d'acide, et rendent la bière aigre un peu agréable au goût. Par ce procédé la bière devient très sujette à s'altérer.

C'est le plus mauvais expédient dont le brasseur

puisse se servir. La bière ainsi rendue *douce* perd promptement son goût vineux ; elle s'évente et devient en très peu de temps d'une couleur d'un gris sale, et acquiert en peu de temps un goût excessivement désagréable. Ces sophistications peuvent être considérées comme délits moins graves commis par des brasseurs qui fraudent, lorsqu'on les compare aux moyens qu'ils mettent en usage, et capables de rendre la bière une boisson dangereuse pour la santé, par l'emploi de substances qui y sont absolument nuisibles.

PRATIQUE FRAUDULEUSE DONT L'OBJET EST D'AUGMENTER LA QUALITÉ ENIVRANTE DE LA BIÈRE.

On emploie, pour augmenter la qualité enivrante de la bière, la substance végétale appelée *cocculus indicus*, et l'extrait de cette baie vénéneuse, appelé en termes techniques extrait *noir.* On fait aussi usage, dans la même vue, d'opium, de tabac, de noix vomique et d'extrait de pavot.

Cette fraude est de beaucoup la plus coupable qui soit commise par des brasseurs sans principes ; et c'est une triste réflexion que celle de considérer combien est grand le nombre de brasseurs poursuivis pour avoir été convaincus de s'être livrés à ce genre de fraude, et c'est une chose déplorable que de trouver des noms avantageusement connus dans le commerce parmi les droguistés qui vendent à des brasseurs, pour objet de fraude, des ingrédiens défendus par la loi.

On admettra, sans doute, qu'une très petite portion d'un ingrédient contraire à la santé, pris chaque jour, ne peut manquer de produire du mal ; et il y a tout lieu de croire qu'une petite quantité d'une substance narcotique (et le cocculus indicus est un puissant narcotique), introduit tous les jours dans l'estomac accompagné d'une liqueur enivrante, ne soit fortement plus efficace que s'il était pris sans la liqueur. L'effet peut être graduel, et une forte constitution, aidée spécialement par un travail continuel et pénible, peut contrarier, pendant beaucoup d'années peut être, les suites destructives ; mais les effets funestes ne manquent jamais à la fin d'avoir lieu Indépendamment de cela, c'est un fait bien établi, que les buveurs de porter sont très sujets à l'apoplexie et à la paralysie, sans s'exposer aux effets de ce poison narcotique.

MANIÈRE DE RECONNAÎTRE L'ALTÉRATION FRAUDULEUSE DE LA BIÈRE.

L'analyse chimique ne peut fournir les moyens de découvrir l'altération frauduleuse de la bière pratiquée au moyen des substances végétales délétères. La présence du sulfate de fer peut se reconnaître en évaporant la bière jusqu'à parfaite siccité, et en faisant brûler la matière végétale obtenue par l'action du chlorate de potasse dans un creuset chauffé au rouge. Le sulfate de fer, qui sera laissé parmi le résidu dans le creuset, peut être essayé pour les parties constituantes du sel, le fer et l'acide sulfurique ; savoir, le fer, par la teinture de noix de galle, l'ammoniaque et le sulfate de potasse ; et l'acide sulfurique, par le muriate de baryte.

La bière qui été frauduleusement rendue *dure* ou *vieille*, en y mêlant de l'acide sulfurique, fournit un précipité blanc (sulfate de baryte), lorsqu'on en verse dans une dissolution d'acétate ou de muriate de baryte; et ce précipité, après avoir été recueilli sur un filtre, et ensuite séché, puis chauffé au rouge pendant quelques minutes dans un creuset de platine, ne disparaît pas par l'addition d'acide nitrique ou muriatique. La bière vieille naturelle peut produire un précipité, mais le précipité qu'elle fournit, après avoir été chauffé au rouge dans un creuset de platine, se redissout aussitôt avec effervescence, en versant dessus de l'acide nitrique ou muriatique; dans ce cas, le précipité est du malate (non du sulfate) de baryte.

Mais, en ce qui concerne les substances végétales nuisibles à la santé, il est extrêmement difficile de les découvrir par l'action des réactifs chimiques, et, dans la plupart des cas, tels que celui de la présence du cocculus indicus dans la bière, cela est tout-à-fait impossible.

MOYEN DE DÉTERMINER LA QUANTITÉ D'ESPRIT CONTENUE DANS DU PORTER, DE L'AILE OU AUTRES SORTES DE LIQUEURS DE MALT.

Après avoir mis dans une cornue de verre munie d'un récipient, une quantité quelconque de la bière à essayer, on distille à une douce chaleur, et l'on continue l'opération pendant aussi long-temps qu'il passe de l'esprit dans le récipient; ce dont on peut s'assurer en chauffant de temps en temps, dans une cuiller tenue au-dessus d'une chandelle, une petite quantité du liquide distillé, et en mettant ensuite sa vapeur en contact avec la flamme d'un morceau de papier. Si la vapeur du liquide distillé prend feu, la distillation peut être continuée jusqu'à ce que cette vapeur cesse de s'allumer par le contact d'un corps enflammé. Alors, à ce liquide ainsi obtenu par distillation, et qui est l'esprit de la bière, combiné avec de l'eau, on ajoute, par portions, de petites quantités de sous-carbonate de potasse pur (préalablement privé d'eau, en l'exposant à une chaleur rouge), jusqu'à ce que la dernière portion de ce sel ajoutée reste sans être dissoute dans le liquide. L'esprit se trouvera ainsi séparé de l'eau, parce que le sous-carbonate de potasse lui enlève la totalité de l'eau qui y est combinée ; et cette combinaison gagnant le fond de la liqueur, l'esprit seul nage à la partie supérieure. Si cette expérience se fait dans un tube de verre ayant environ un demi ou trois quarts de pouce (12,70 ou 19,05 millimètres) de diamètre, et qu'on gradue ce tube en 50 ou 100 parties égales, le rapport pour cent d'esprit dans une quantité donnée de bière peut se reconnaître à la simple inspection.

FIN.

TABLE DES MATIÈRES

CONTENUES DANS CE VOLUME.

———

FIN DE LA TABLE.

DE L'IMPRIMERIE DE CRAPELET,
rue de Vaugirard, n° 9.